高等农科院校化学实验绿色化教材

基础化学实验

杜光明　主编

中国农业大学出版社
·北京·

内 容 简 介

本书是相关学科基础化学实验教学体系的组成部分，以绿色化学理念为指导思想，着眼于从污染物源头入手，对实验项目进行了精心选择与改进，尤其将废弃物处理作为必做的实验内容，并给出了详细的方法步骤，成为本书的特色。本基础化学实验包含了无机化学、分析化学、有机化学等课程实验的整合内容，重视学生对化学实验总体知识与基本操作的掌握，通过对重点基本操作、小型仪器的使用、性质实验、定量分析、合成与制备、综合性设计实验等部分循序渐进的安排，力求培养学生的综合实验能力和求真务实、精益求精的科学精神。

本书可作为高等院校大农科各专业及其他生物类学科专业的本科基础化学实验教材，也可作为化学、化工、材料、轻工等专业的参考用书。

图书在版编目(CIP)数据

基础化学实验/杜光明主编. —北京：中国农业大学出版社，2013.8(2023.7 重印)
ISBN 978-7-5655-0792-2

Ⅰ.①基…　Ⅱ.①杜…　Ⅲ.①化学实验-高等学校-教材　Ⅳ.①O6-3

中国版本图书馆 CIP 数据核字(2013)第 175603 号

书　　名　基础化学实验
Jichu Huaxue Shiyan
作　　者　杜光明　主编

策划编辑　张　程　赵　中　　　　**责任编辑**　田树君
封面设计　郑　川　李尘工作室　　**责任校对**　王晓凤　陈　莹
出版发行　中国农业大学出版社
社　　址　北京市海淀区圆明园西路 2 号　　**邮政编码**　100193
电　　话　发行部 010-62818525，8625　　读者服务部 010-62732336
编辑部 010-62732617，2618　　出　版　部 010-62733440
网　　址　http://www.cau.edu.cn/caup　　**e-mail** cbsszs @ cau.edu.cn
经　　销　新华书店
印　　刷　北京鑫丰华彩印有限公司
版　　次　2013 年 8 月第 1 版　　2023 年 7 月第 7 次印刷
规　　格　185 mm×260 mm　　16 开本　　9.5 印张　　230 千字
定　　价　26.00 元

编写人员

主　　编　杜光明

副 主 编　陈燕勤　张玉英

参编人员　沙尼亚·阿合买提　王　谨　张　玲　吴国莲
王　俊　岳　峻　热依木　帕提古丽·阿木都力
买迪尼也提·巴斯提　三晶晶　李　君
毛丽哈·艾合买提

前　言

我们二十余年基础化学实验课程体系改革和教研及本教材的创新和探索是在农科化学实验多年经验积累的基础上进行的。尤其是原八一农学院（现新疆农业大学）一代代化学教育工作者数十年的不断耕耘才有了现在教改实践的丰沃土壤。

在新技术、新理念不断涌现的今天，化学处于中心学科的地位，对农口各学科来说更是如此。同时，化学又是一门典型的以实验为基础的学科。但化学实验教学以往的内容、思维方式、技术手段等已不能适应新的形势。在课程体系改革以前，我们的化学实验教学都是依附于课堂理论教学而开设的。传统的无机化学、有机化学、分析化学等课堂教学体系的条块划分在一定程度上影响了学生对化学实验应有的总体认识和循序渐进、连贯的学习过程，不利于学生综合素质和能力的培养，甚至造成一些教师对实验课也不够重视。现在，课程体系改革后的农科基础化学课程大都把实验化学单独设课，与无机及分析、有机化学一起作为三门必修的基础化学课程。实验化学，又称基础化学实验，既有相对的独立性，又与其他化学课堂教学过程适当配合。它的考核由原先的定性考查变为严格的考试。

在实验内容上，删除了一部分简单重复的实验，注重综合性实验的开发，削减了一些单纯验证性而实验教育意义不大的实验，有意识地增加新技术、新仪器的应用。

随着可持续发展观念和环保绿色理念的影响深入人心，化学实验的绿色理念应运而生。化学实验的无害化、微型化不仅关系到绿色校园的建设，更涉及学生综合素质的培养，日益受到社会的广泛关注。过去大部分实验在这方面意识的体现均很薄弱，如药品使用剂量大、有害药剂多、随意排放三废、不注意安全防护、一些实验危险性大等。编者经过十几年有意识的改进，也借鉴了一些其他院校的经验，将这方面的积累与其他改进编著成本书。这也成为本教材最为突出的特色，主要表现在以下几个方面：

(1)从实验项目选择上做文章，致力于从源头制止污染，而不是污染后的再治理。删除需用到 H_2S(电解质溶液实验)、As_2O_3(胶体实验)等剧毒药剂的实验项目，对用到金属钠等危险物品的实验项目也予以取消，另外一些大量消耗甲醛(铵盐中含氮量的测定)、氰化钠($CuSO_4$中铜的测定)、甲苯、苯胺(萃取实验)等有毒、有害试剂的实验也进行了更换。增加了电导滴定、香料制备等与农科专业实际结合紧密、学生感兴趣的实验。

(2)改进了一些项目。如纸色谱实验的展开剂、显色剂经大量预备实验研究，换成了自行设计的无害化溶剂，同时实验效果也明显提高(其他：测沸点的苯换成了无害化溶剂乙醇；将溶度积测定中的重金属盐类 $PbCl_2$ 换成无害的 $CaSO_4$；乙酰苯胺的制备实验共进行了 3 次大的改进，从毒性大、加热时间长、效果差的分馏法到常温法，再到半封闭的装置，最后改为半微量的均相反应，大大降低了毒害程度，反应现象也愈加明显)。

(3)对于有机物性质实验中，将相同类型的实验合并，这样就可删去一部分现象不明显、有害物质较多的实验。

(4)对于必须开设的含污染物的实验采取了以下两种办法并行的手段：

①通过反复验证，将用量减到尽可能低的程度，很多实验用量减半，不仅降低污染，还节约了药品。

②给出回收处理方法，提出在教材中将废弃物的处理作为必做的实验步骤之一。切实让学生动手去做，感受到环保教育，而不是像过去只在实验教材的基本知识和附注中提到（那样实际效果很难保证，等于把有害物处理这样一个严肃且令教师都头痛的重要步骤放任自流，没有引导和约束，学生是不会重视的，更无从下手）。所以说，从某种意义上说，这是在现有条件下绿色化学实验教材一次全新的尝试。目前国内在这方面还鲜有实践，更缺乏成果。

在倡导绿色化学、增强学生环保意识的指导思想下，要着眼于实验教学的整个体系，从源头入手，保证实验效果的同时，在实验项目选择、教材编写、实验准备、实验报告、指导授课、实验考核等各环节强调环保意识，体现绿色化学理念和农科特色，才能收到实效。

再者，从实验准备上也要给予密切配合；实验课教师的观念必须进行转变，从无所谓到主动重视环保，并将这种意识传输给学生。

我们的努力只是抛砖引玉，农科及相关各专业的同学们，希望大家在接受了大学里绿色化学的熏陶后，在实践中能成为维护安全和环保的尖兵。现在我们迎来了中国特色社会主义进入新时代，坚持绿水青山就是金山银山的理念，已成为全民共识。这里以《在中国共产党第二十次全国代表大会上的报告》中的金句与同学们共勉："推动绿色发展，促进人与自然和谐共生"、"我们要推进美丽中国建设，坚持山水林田湖草沙一体化保护和系统治理，统筹产业结构调整、污染治理、生态保护、应对气候变化，协同推进降碳、减污、扩绿增长，推进生态优先，节约集约、绿色低碳发展。"

本教材得到新疆农业大学教务处的大力支持。在此向关心和帮助此书编写的新疆农业大学化学化工学院各位教师和同学及相关学院部分教师致谢！特别感谢促成本教材出版的新疆农业大学教材科伯力海提·斯马义老师、化学化工学院历任领导和援疆干部及中国农业大学出版社赵中、田树君、张程等老师。

书中错误和可改进之处，欢迎各位教师和同学批评指正。

编　者

2023 年 6 月

化学实验室学生守则

1. 化学实验课规则。

(1)实验前认真预习,明确实验目的,了解实验原理,熟悉实验内容、方法和步骤。

(2)严格遵守实验室的规章制度。听从教师的指导。实验中要保持安静,有条不紊。保持实验室的整洁。不得浪费蒸馏水。

(3)实验中要严格按照规范操作,以防出现事故,仔细观察,认真思考,如实记录。

(4)爱护仪器,节约水、电、煤气和试剂药品。精密仪器使用后要在登记本上记录使用情况,并经教师检查认可。

(5)废纸、火柴梗、碎玻璃和各种废液倒入废物桶或其他规定的回收容器中,严禁弃入水槽。

(6)损坏仪器应填写仪器破损单,按规定进行赔偿。

(7)发生意外事故应保持镇静,立即报告教师,及时处理。

(8)实验完毕,整理好仪器、药品和台面,清扫实验室,关好煤气、水、电、门和窗。

(9)根据原始记录,独立完成实验报告。

2. 实验安全规范(特别提醒:灭火器等消防设施是特殊时间的生命保障,不要随意开启,除扑救火灾外任何人不准动用,否则属损毁消防设施的违法行为,将追究法律责任)。

进行化学实验会接触许多化学试剂和仪器,其中包括一些有毒、易燃、易爆、有腐蚀性的试剂以及玻璃器皿、电气设备、加压和真空器具等。如不按照使用规则进行操作就可能发生中毒、火灾、爆炸、触电或仪器设备损坏等事故。为了实现预期的教学目标而又不造成国家财产的损失和人身健康的损害,进行化学实验必须严格执行必要的安全规则。

(1)实验中严禁打闹、喧哗。

(2)一切有毒或有刺激性气体的实验都应在通风橱内进行。

(3)绝对不允许任意混合各种化学药品,以免发生意外事故。

(4)浓酸、浓碱具有强腐蚀性,切勿溅在皮肤或衣服上,眼睛更应注意。稀释它们时(特别是浓硫酸),应将它们慢慢倒入水中,同时搅拌,而不能相反进行,以避免迸溅。

(5)有毒药品(如重铬酸钾、钡盐、铅盐、砷的化合物、汞的化合物、氟化物,特别是氰化物)不得进入口内或接触伤口,剩余的废液也不能随便倒入下水道,应回收处理。

(6)加热试管时,不要将管口对着自己或别人,更不能俯视正在加热的液体,以免液体溅出而烫伤。

(7)将玻璃管、温度计、漏斗等插入橡皮塞(或软木塞)时,应涂以水或甘油等润滑剂,并用布垫好,以防玻璃管破碎刺伤。操作时应手持塞子的侧面,切勿将塞子握在掌中。

(8)严禁任何物料入口,实验室内不得吸烟、饮食,离开实验室前应先洗手;若使用有毒物,还应漱口。

(9)水、电和酒精灯等一经使用完毕就应立即关闭。

(10)实验室所有药品不得携出室外,用剩的药品应交还给教师。

目　　录

第一篇　绪　　论

一、基础化学实验对农科学生综合素质培养的作用

化学是一门实验科学，化学中的定律和学说都源于实验，同时又为实验所检验。因此，化学实验在培养未来化学工作者的大学教育中，占有特别重要的地位。实验化学不仅是化学类专业学生的第一门实验必修课，对农科类学生也同样重要。它是一门独立的课程，但又与相应的理论课——无机及分析化学、有机化学及物理化学等有紧密的联系。

通过实验，学生可以直接获得大量的化学事实，经思维、归纳、总结，从感性认识上升到理性认识，从而学习无机化学、分析化学等的基本理论、基本知识，再运用它们指导实验。学生经过严格的训练，能规范地掌握基本操作、基本技术。通过实验了解物质的一般分离、提纯和制备方法，了解确定物质组成、含量和结构的一般方法；掌握常见工作基准试剂的使用，常用的滴定方法和指示剂的使用，掌握常见离子的基本性质和鉴定；确立严格的"量"的概念，并学会运用误差理论正确处理数据。

在实验中，学生自己动手进行化学实验，由提出问题、查资料、设计方案、动手实验、观察现象、测定数据，并加以正确的处理和概括，在分析实验结果的基础上正确表达，练习解决化学问题。化学实验的全过程是综合培养学生智力因素（动手、观测、查阅、记忆、思维、想象、表达）的最有效的方法，从而使学生具备分析问题、解决问题的独立工作能力。

在培养智力因素的同时，化学实验又是对学生进行非智力因素训练的理想场所，包括艰苦创业、勤奋不懈、谦虚好学、乐于协作、求实、求真、存疑等科学品德和科学精神的训练，而整洁、节约、准确、有条不紊等良好的实验习惯的养成，又是每一个化学工作者和农科学者获得成功所不可缺少的因素。

二、基础化学实验的学习方法和要求

大学化学实验的学习，不仅需要学生有一个正确的学习态度，而且还需要有一个正确的学习方法。现将学习方法归纳成以下几个方面：

1. 预习

实验前预习是必要的准备工作，是做好实验的前提。这个环节必须引起学生足够重视，如果学生不预习，对实验的目的、要求和内容不清楚，是不允许进行实验的。为了保证实验质量，实验前任课教师要检查每个学生的预习情况。查看学生的预习笔记，对没有预习或预习不合

格者，任课教师有权不让其参加本次实验。

实验预习一般应达到下列要求：

(1)认真阅读实验教材及相关参考资料，达到明确实验目的、理解实验原理、熟悉实验内容、掌握实验方法、切记实验中有关的注意事项，在此基础上简明、扼要地写出预习笔记；要注意在预习时查阅一些常数(如物质的溶解性、密度、熔点、沸点、K_{sp}、K_f 等)并记录在预习笔记中，本书附录中给出了一些常用的数据可用作参考。

(2)实验预习笔记是进行实验的首要环节，预习笔记应该包括简要的实验步骤与操作、测量数据记录的表格、定量实验的计算公式等，而且要留有记录实验现象和测量数据充足的空白位置。

(3)在指定时间和地点去观看多媒体教学课件，不可缺席。

(4)提前 5 min 到达实验室，专心听指导教师的讲解，迟到达 5 min 以上者禁止进行此次实验。

2.讨论

(1)实验前以提问的形式，师生共同讨论，以掌握实验原理、操作要点和注意事项。

(2)观看操作录像，或由教师操作示范，使基本操作规范化。

(3)实验后组织课堂讨论，对实验现象、结果进行分析，对实验操作进行评说，以达到提高的目的。

3.实验

实验是培养独立工作和思维能力的重要环节，必须认真、独立地完成。

(1)在充分预习的基础上规范操作，认真仔细地观察实验中的现象，一丝不苟，及时地将实验现象、数据记录填写在预习笔记中，严禁编造或抄袭他人数据，原始数据不得改动，如必需改动须有本人及指导教师当日签名。按要求处理好废液，对使用的公用仪器要求自觉管理好，并在相关记录本上登记，这是养成良好习惯必需的训练。需要说明的是，凡"三废"处理属于实验的必需步骤，一定要按要求完成。

(2)对于设计性实验，审题要确切，方案要合理，现象要清晰。在实验中发现设计方案存在问题时，应找出原因，及时修改方案，直到达到满意的结果。

(3)在实验中遇到疑难问题或者"反常现象"，应认真分析操作过程，思考其原因。为了正确说明问题，可在指导教师同意并指导下，重做或补充进行某些实验。以培养独立分析、解决问题的能力。

(4)实验中自觉养成良好的科学习惯，遵守实验工作规则。实验过程中应始终保持桌面布局合理、环境整洁。

(5)实验结束，必须经教师在原始记录本上签字后才能离开实验室。

4.实验报告

实验报告是对每次所做实验的概括和总结，必须严肃认真如实书写。

一份合格的报告应包括以下五部分内容：

(1)实验目的和原理。简述实验目的和原理(定量实验还应该简介实验有关基本原理和主要反应方程式)。

(2)实验内容。实验内容是学生实际操作的简述，尽量使用表格、框图、符号等形式，清晰、明了地表示实验内容。避免抄袭书本。

(3)实验现象和数据记录。实验现象要表达正确，数据记录要完整。绝对不允许主观臆造、抄袭他人的作业。若发现主观臆造或抄袭者严加惩处。

(4)解释、结论或数据计算。对现象加以简明的解释，写出主要反应方程式，分标题小结或者最后得出结论。数据计算要表达清晰。完成实验教材中规定的作业。

(5)问题讨论。针对实验中遇到的疑难问题提出自己的见解。定量实验应分析实验误差产生的原因。鼓励学生对实验方法、教学方法和实验内容等提出意见或建议。

每次实验报告应按时连同教师签过字的预习笔记一起交。

三、实验室的安全指南与环保知识

(一)实验室安全知识及意外事故处理

实验中，教师和学生都要牢记"以人为本"的安全理念。

1.危险品的使用

有毒、危险药品要在教师指导下取用。

(1)浓酸和浓碱具有强腐蚀性，不要把它们洒在皮肤或衣物上。废酸应倒入废液缸中，但不要再向里面倾倒碱液，以免酸碱中和产生大量的热而发生危险。

(2)强氧化剂(如高氯酸、氯酸钾等)及其混合物(氯酸钾与红磷、碳、硫等的混合物)，不能研磨或撞击，否则易发生爆炸。

(3)银氨溶液放久后会变成氮化银而引起爆炸，因此用剩的银氨溶液，应及时处理。

(4)活泼金属钾、钠等不要与水接触或暴露在空气中，应将它们保存在煤油中，放在阴凉处。使用时先在煤油中切割成小块，再用镊子夹取，并用滤纸把煤油吸干。切勿与皮肤接触，以免烧伤。未用完的金属碎屑不能乱丢，可加少量酒精，令其缓慢反应掉。

(5)白磷有剧毒，并能灼伤皮肤，切勿与人体接触。白磷在空气中易自燃，应保存在水中。取用时，应在水下进行切割，用镊子夹取。

(6)氢气与空气的混合物遇火要发生爆炸，因此产生氢气的装置要远离明火。点燃氢气前，必须先检查氢气的纯度。进行产生大量氢气的实验时，应把废气通至室外，并注意室内的通风。

(7)有机溶剂(乙醇、乙醚、苯、丙酮等)易燃，使用时一定要远离明火。用后要把瓶塞塞严，放在阴凉的地方，最好放入沙桶内。

(8)进行能产生有毒气体(如氟化氢、硫化氢、氯气、一氧化碳、二氧化碳、二氧化氮、二氧化硫、溴等)的反应时，加热盐酸、硝酸和硫酸时，均应在通风橱中进行。

(9)汞易挥发，在人体内会积累起来，引起慢性中毒。因此，不要让汞直接暴露在空气中，汞要存放在厚壁器皿中，玻璃瓶装汞只能至半满。为了减少汞液面的蒸发，必须在保存汞的容器内汞液面上覆盖化学液体：甘油的效果最好，水的效果最差。对于溅落的汞应尽量用毛刷蘸水收集起来，颗粒直径大于1 mm的可用吸气球或真空泵抽吸的拣汞器拣起来。撒落过汞的地方可以撒上多硫化钙、硫黄粉或漂白粉，或喷洒三氯化铁浓溶液等药品使汞生成不挥发的难溶盐，并要扫除干净。

可溶性汞盐、铬的化合物、氰化物、氟化物、砷盐、锑盐、镉盐和钡盐都有毒，不得进入口内或接触伤口，其废液也不能倒入下水道，应统一回收处理。

2. 化学中毒和化学灼伤事故的预防

(1)保护好眼睛。防止眼睛受刺激性气体的熏染，防止任何化学药品特别是强酸、强碱、玻璃屑等异物进入眼内。

(2)禁止用手直接取用任何化学药品，使用有毒药品时，除用药匙、量器外，必须配戴橡皮手套，实验后马上清洗仪器用具，立即用肥皂洗手。

(3)尽量避免吸入任何药品和溶剂的蒸气。处理具有刺激性、恶臭的和有毒的化学药品时，如 H_2S、NO_2、Cl_2、Br_2、CO、SO_2、HCl、HF、浓硝酸、发烟硫酸、浓盐酸、乙酰氯等，必须在通风橱中进行。通风橱开启后，不要把头伸入橱内，并保持实验室通风良好。

(4)严禁在酸性介质中使用氰化物。

(5)用移液管、吸量管移取浓酸、浓碱、有毒液体时，禁止用口吸取，应该用吸耳球吸取。严禁冒险品尝药品试剂，不得用鼻子直接嗅气体，而是用手向鼻孔扇入少量气体。

(6)进入实验室首先准备一块干净的湿布放在实验台指定位置，以备急需。实验室内禁止吸烟进食，禁止穿拖鞋。

3. 实验室救护常识

(1)割伤。可用消毒棉棒把伤口清理干净，若有玻璃碎片须先小心挑出，然后涂以紫药水或红药水，撒些消炎粉并包扎。

(2)烫伤。一旦被火焰、蒸汽、红热的玻璃、铁器等烫伤时，立即将伤处用大量水冲洗，以迅速降温避免深度烧伤。若起水泡，不宜挑破，用纱布包扎后送医院治疗；对轻微烫伤，可用浓高锰酸钾溶液润湿伤口至皮肤变为棕色，或苦味酸溶液擦洗烫伤处，然后涂上獾油或烫伤膏或凡士林。

(3)受酸腐蚀。先用大量水冲洗，以免深度烧伤，再用饱和碳酸氢钠溶液或稀氨水冲洗，最后再用水冲洗。如果酸溅入眼内也用此法，只是碳酸氢钠溶液改用1%的浓度，禁用稀氨水。

(4)受碱腐蚀。先用大量水冲洗，再用醋酸(20 g/L)洗，最后用水冲洗。如果碱溅入眼内，可用硼酸溶液洗，再用水洗。

(5)受溴灼伤。这是很危险的。被溴灼伤后的伤口一般不易愈合，必须严加防范。凡用溴时都必须预先配制好适量的20%的 $Na_2S_2O_3$ 溶液备用。一旦有溴沾到皮肤上，立即用 $Na_2S_2O_3$ 溶液冲洗，再用大量的水冲洗干净，包上消毒纱布后就医。

(6)白磷灼伤。用1%的硝酸银溶液、1%的硫酸铜溶液或浓高锰酸钾溶液洗后进行包扎。

(7)吸入氯气、氯化氢等刺激性气体。可吸入少量酒精和乙醚的混合蒸气，然后到室外呼吸新鲜空气。若吸入硫化氢而感到不适或头晕时，应立即到室外呼吸新鲜空气。

(8)毒物进入口内。把5～10 mL的稀硫酸铜溶液加入一杯温水中，内服后用手指伸入喉部，促使呕吐，吐出毒物，再送医院治疗。

(9)遇触电事故时，应首先切断电源，然后进行人工呼吸。

(10)对伤势较重者，应立即送医院医治，不得以任何理由拖延、阻拦或对外隐瞒。

4.灭火常识

在实验室的条件下，经常要使用许多易燃物质，如乙醇、甲醇、苯、甲苯、丙酮、煤油等。这些易燃物质挥发性强，着火点低，在明火、电火花、静电放电、雷击因素的影响下极易引燃起火，造成严重损失，因此使用易燃物品时应严格遵守操作规程。

实验室内万一着火，要根据起火的原因和火场周围的情况，采取不同的扑灭方法。灭火方法主要遵循两条原则：降低燃烧物温度；燃烧物与空气隔绝。起火后，不要慌张，一般应立即采取以下措施：

(1)防止火势扩展。停止加热，停止通风，关闭电闸，移走一切可燃物。

(2)扑灭火源。一般的小火可用湿布、石棉布或沙土覆盖在着火的物体上；若遇酒精、苯或乙醚等着火时，应立即用湿布或沙土等灭火。火势大时可用泡沫灭火器。衣物着火时，决不可慌张乱跑，以免风助火势，应立即用湿布或石棉布压灭火焰，如燃烧面积较大，可躺在地上，就地打滚压灭火焰。能与水发生剧烈作用的化学药品(金属钠)或比水轻的有机溶剂着火，不能用水扑救，否则会引起更大的火灾。使用灭火器也要根据不同的情况选择不同的类型。现将常用的灭火器及其适用范围列于表 1-1。

表 1-1 常用灭火器及其适用范围

灭火器类型	药液成分	适用范围
酸碱灭火器	H_2SO_4 和 $NaHCO_3$	非油类和电器失火的一般初起火灾
泡沫灭火器	$Al_2(CO_3)_3$ 和 $NaHCO_3$	适用于油类起火
二氧化碳灭火器	液态 CO_2	适用于扑灭电器设备、小范围的油类及忌水的化学药品的失火
四氯化碳灭火器	液态 CCl_4	适用于扑灭电器设备、小范围的汽油、丙酮等失火。不能用于扑灭活泼金属钾、钠的失火，因 CCl_4 会强烈分解，甚至爆炸。电石、CS_2 的失火，也不能使用它，因为会产生光气一类的毒气
干粉灭火器	主要成分是碳酸氢钠等盐类物质与适量的润滑剂和防潮剂。现多为 N_2 驱动	扑救油类、可燃性气体、电器设备、精密仪器、图书文件等物品的初期火灾

5.钢瓶的使用

实验室里还可以使用气体钢瓶直接得到各种气体。气体钢瓶是储存压缩气体的特制的耐压钢瓶。钢瓶的内压很大，且有些气体易燃、助燃或有毒，所以操作要特别小心，使用时注意：

①钢瓶应存放在阴凉、干燥、远离热源(如阳光、暖气、炉火)的地方。可燃性气体钢瓶与氧气瓶分开存放。

②不让油或其他易燃性有机物沾在气瓶上(特别是气门嘴和减压器)。不得用棉、麻等物堵漏，以防燃烧引起事故。

③使用时，要用减压器(气压表)控制地放出。可燃性气体钢瓶，气门螺纹是反扣的(如氢气、乙炔气)。不燃或助燃性气体钢瓶，气门螺纹是正扣的。各种气体的气压表不得混用。

为了避免把各种气瓶混淆，通常在气瓶外面涂以特定的颜色以区分，并在瓶上写明瓶内气体的名称，表 1-2 为我国气瓶常用标记。

表 1-2　我国气瓶常用标记

气体类别	瓶身颜色	标记颜色
氮	黑	黄
氢	深绿	红
氧	天蓝	黑
氨	黄	黑
空气	黑	白
氯	黄绿	黄
乙炔	白	红
二氧化碳	黑	黄
其他一些可燃气体	红	白
其他一些不可燃气体	黑	黄

(二)实验室的“三废”处理

根据绿色化学的基本原则,化学实验室应尽可能选择对环境无毒害的实验项目。对确实无法避免的实验项目若排放出废气、废渣和废液,这些废弃物又称“三废”,如果对其不加处理而任意排放,不仅污染周围空气、水源和环境,造成公害,而且三废中的有用或贵重成分未能回收,在经济上也是个损失。因此化学实验室三废的处理是很重要而又有意义的问题。

化学实验室的环境保护应该规范化、制度化,应对每次产生的废气、废渣和废液进行处理。对教师和学生应要求,按照国家要求的排放标准进行处理,把用过的酸类、碱类、盐类等各种废液、废渣,分别倒入各自的回收容器内,再根据各类废弃物的特性,采取中和、吸收、燃烧、回收循环利用等方法来进行处理。本教材要求废渣和废液必须作为实验步骤之一对待,否则视为未完成实验。教师要严格管理。

1. 实验室的废气

实验室中凡可能产生有害废气的操作都应在有通风装置的条件下进行,如加热酸、碱溶液及产生少量有毒气体的实验等应在通风橱中进行。汞的操作室必须有良好的全室通风装置,其抽风口通常在墙的下部。实验室若排放毒性大且较多的气体,可参考工业上废气处理的办法,在排放废气之前,采用吸附、吸收、氧化、分解等方法进行预处理。毒性大的气体可参考工业上废气处理的办法处理后排放。

2. 实验室的废渣

实验室产生的有害固体废渣虽然不多,但决不能将其与生活垃圾混倒。固体废弃物经回收、提取有用物质后,其残渣仍是多种污染物的存在状态,此时方可对它做最终的安全处理。

(1)化学稳定。对少量(如放射性废弃物等)高危险性物质,可将其通过物理或化学的方法进行(玻璃、水泥、岩石的)固化,再进行深地填埋。

(2)土地填埋。这是许多国家作为固体废弃物最终处置的主要方法。要求被填埋的废弃物应是惰性物质或经微生物分解成为无害物质。填埋场地应远离水源,场地底土不透水、不能穿入地下水层。填埋场地可改建为公园或草地。因此,这是一项综合性的土木工程技术。

3. 实验室的废液

(1)化学实验室产生的废弃物很多,但以废溶液为主。若不加以处理而任意排放,必然会污染环境,危害人类。实验室产生的废溶液因其种类繁多,组成变化大,故应根据溶液的性质分别加以处理。废酸液可先用耐酸塑料网纱或玻璃纤维过滤,滤液加碱中和,调 pH 至 6～8 后就可排出,少量滤渣可埋于地下。

(2)废洗液可用高锰酸钾氧化法使其再生后使用。少量的废洗液可加废碱液或石灰使其生成 $Cr(OH)_3$ 沉淀,将沉淀埋于地下即可。

(3)氰化物是剧毒物质,少量的含氰废液可先加 NaOH 调至 pH＞10,再加入几克高锰酸钾使 CN^- 氧化分解。大量的含氰废液可用碱性氯化法处理,先用碱调至 pH＞10,再加入次氯酸钠,使 CN^- 氧化成氰酸盐,并进一步分解为 CO_2 和 N_2。

(4)含汞盐的废液先调 pH 至 8～10,然后加入过量的 Na_2S,使其生成 HgS 沉淀,并加 $FeSO_4$ 与过量 S^{2-} 生成 FeS 沉淀,从而吸附 HgS 共沉淀下来。离心分离,清液含汞量降到 0.02 mg/L 以下,可排放。少量残渣可埋于地下,大量残渣可用焙烧法回收汞,但要注意一定要在通风橱中进行。

(5)含重金属离子的废物,最有效和最经济的方法是加碱或加 Na_2S 把重金属离子变成难溶性的氢氧化物或硫化物而沉积下来,过滤后,残渣可埋于地下。

(三)微型化学实验简介

1. 微型化学实验的概念

微型化学实验(microscale chemical experiment 或 microscale laboratory,简写为 M L)是在微型化的仪器装置中进行的化学实验,其试剂用量比对应的常规实验节约 90%以上。微型实验有两个基本特征:试剂用量少和仪器微型化。微型化实验不是常规实验的简单缩微或减量,而是在微型化的条件下对实验进行重新设计和探索,达到以尽可能少的试剂来获取尽可能多的化学信息。

微型实验与微量化学实验是不同的概念。微量化学指组分的微量或痕量的定量测定、理论、技术和方法,即微量分析化学。而微型化学实验尽管会包含一些微量化学的技术,但实验的对象和内容却超越了微量化学的范围。用于化学教学的微型实验还要具备现象明显、操作简单、效果优良、成本低等特点。

2. 微型化学实验的发展

随着科学技术的发展、实验仪器精确程度的提高,化学实验的试剂和样品用量是逐渐减少的。16 世纪中叶,冶金工业中化学分析的样品用量为数公斤,19 世纪三四十年代,0.5 mg 精度分析天平的问世,使重量分析样品量达 1 g 以下;十万分之一的扭力天平,让 Nernst 尝试做 1 mg 样品的分析;百万分之一天平的出现,使 Frilz Pregl 成功地用 3～5 mg 有机样品做了碳、氢等元素的微量分析。

20 世纪,半微量有机合成、半微量的定性分析已广泛地出现在教材中。1925 年,埃及 E. C. Grey 出版的《化学实验的微型方法》是较早的一本微型化学实验大学教材。1955 年维也纳的国际微量化学大会上,马祖圣教授就建议以毫克作为微量实验的试剂用量单位。自 1982 年始,美国的 Mayo 等着眼于环境保护和实验室安全的需要,研究微型有机化学实验,并在基础有机化学实验中采用主试剂在 mmol 量级的微型制备实验,取得成功。可见化学实验小型化、微型化是化学实验方法的变革。

我国的微型化学实验的研究是由无机、普化的微型实验和中学化学的研究开始的。自编的首本《微型化学实验》于1992年出版。此后，天津大学沈君朴主编的《无机化学实验》、清华大学袁书玉主编的《无机化学实验》、西北大学史启祯等主编的《无机与分析化学实验》等教材已编一定数量的微型实验。1995年华东师大陆根土编写的《无机化学教程(三)实验》将微型实验与常规实验并列编出;2000年周宁怀主编了《微型无机化学实验》。迄今为止，国内已有800余所大、中学校开始在教学中应用微型实验，显示了微型实验在国内已进入大面积推广阶段。

(四)绿色化学简介

1.绿色化学的概念

绿色化学(green chemistry)，又称清洁化学(clean chemistry)、环境无害化学(enviromentally benign chemistry)、环境友好化学(enviromentally friendly chemistry)。绿色化学有三层含义:第一，绿色化学是清洁化学。绿色化学致力于从源头制止污染，而不是污染后的再治理，绿色化学技术应不产生或基本不产生对环境有害的废弃物，绿色化学所产生出来的化学品不会对环境产生有害的影响。第二，绿色化学是经济化学。绿色化学在其合成过程中不产生或少产生副产物，绿色化学技术应是低能耗和低原材料消耗的技术。第三，绿色化学是安全化学。在绿色化学过程中尽可能不使用有毒或危险的化学品，其反应条件尽可能是温和的或安全的，其发生意外事故的可能性是极低的。绿色化学是用化学的技术和方法去减少或消灭对人类健康、社区安全、生态环境有害的原料、溶剂和试剂、催化剂、产物、副产物、产品等的产生和使用。

2.绿色化学的发展

不可否认人类进入20世纪以来创造了高度的物质文明，从1990年到1995年的6年间合成的化合物数量就相当于有记载以来的1 000多年间人类发现和合成化合物的总量(1 000万种)，这是科技的发展、是社会的进步，但同时也带来了负面的效应。资源的巨大浪费，日益严重的环境问题等。人们开始重新认识和寻找更为有利于其自身生存和可持续发展的道路，注意人与自然的和谐发展，绿色意识成了人类追求自然完美的一种高级表现形式。

1995年3月，美国成立“绿色化学挑战计划”并设立“总统绿色化学挑战奖”。1997年我国国家科委主办第72届香山科学会议，主题为“可持续发展对科学的挑战——绿色化学”。近些年来，各国化学家在绿色化学的研究领域里，运用物理学、生态学、生物学等的最新理论、技术和手段，取得了可喜的成绩。绿色化学及应用正成为化学界最受重视的研究范围之一。

山东省高校化学实验新体系立体化系列教材，尤其是基础化学实验(1)在一定程度上体现了绿色化学理念。清华大学的有机化学实验教材也展现了该校在绿色化学实验方面的一些有益工作。

3.绿色化学的思维方式

绿色化学的核心是“杜绝污染源”，防治污染的最佳途径就是从源头消除污染，一开始就不要产生有毒、有害物。事实上，实现化学实验绿色化的关键是建立绿色化学的思维方式。在化学实验教学中，应在教师和学生的头脑中存有这种意识，要树立绿色化学的思维方式，从环境保护的角度、从经济和安全的角度来考虑各个实验的设置、实验手段、实验方法等。遵循以下原则:

(1)设计合成方法时,只要可能,不论原料、中间产物还是最终产品,均应对人体健康和环境无毒害(包括极小毒性和无毒)。

(2)合成方法必须考虑能耗、成本,应设法降低能耗,最好采用在常温常压下的合成方法。

(3)化工产品要设计成在其使用功能终结后,它不会永存于环境中,要能分解成可降解的无害产物。

(4)选择化学生产过程的物质时,应使化学意外事故(包括渗透、爆炸、火灾等)的危险性降低到最少程度。

(5)在技术可行和经济合理的前提下,原料要采用可再生资源以代替消耗性资源。

四、实验记录与数据处理

化学实验中常进行许多定量的测定,然后由测得的数据,经过计算得到分析结果。分析结果是否可靠是一个很重要的问题,不准确的分析结果往往会导致错误的结论。但是,在测定过程中,即使是技术非常熟练的人,用同一方法,对同一试样进行多次测定,也不可能得到完全一致的结果。这就是说,绝对准确是没有的,分析过程中的误差是客观存在的,应根据实际情况正确测定、记录并处理实验数据,使分析结果达到一定的准确度。所以树立正确的误差及有效数字的概念,掌握分析和处理实验数据的科学方法十分必要。

(一)误差

1.误差的分类

在实验中往往在测定数值与真实值之间出现差别,这个差值叫做误差。误差越小,表示实验结果的准确度越高;反之,准确度越低。所以,误差的大小是衡量准确度高低的尺度。在定量分析中,有各种原因造成的误差,按照性质可分为系统误差、偶然误差和过失误差三类。

(1)系统误差。又称可测误差。由于实验方法、所用仪器、试剂、实验条件的控制以及实验者本身的一些主观因素造成的误差,称系统误差。这类误差的性质是:①在多次测定中会重复出现;②所有的测定或者都偏高,或者都偏低,即具有单向性;③由于误差来源于某一个固定的原因,因此,数值基本是恒定不变的。

(2)偶然误差。又称随机误差或未定误差。是由一些偶然的原因造成的,例如,测量时环境温度、气压的微小变化,都能造成误差。这类误差的性质是:由于来源于随机因素,因此,误差数值不定,且方向也不固定,有时为正误差,有时为负误差。这种误差在实验中无法避免。从表面看,这类误差也无什么规律,但若用统计的方法去研究,可以从多次测量的数据中找到它的规律性。

(3)过失误差。这是由于实验工作者粗枝大叶,不按操作规程办事,过度疲劳或情绪不好等原因造成的。这类错误有时无法找到原因,但是完全可以避免。

2.误差的表示方法

(1)真实值、平均值和中位值的含义。

①真实值:是一个客观存在的真实数值,但又不能直接测定出来。如某一个物质中的某一组分含量,应该是一个确定的真实数值,但又无法直接确定。由于真实值无法知道,往往都是进行许多次平行实验,取其平均值或中位值作为真实值,或者以公认的手册上的数据作为真实值。

②平均值：是指算术平均值($\overline{X}$)，即测定值的总和除以测定总次数所得的商。

$$\overline{X}=\frac{X_1+X_2+X_3+\cdots+X_n}{n}=\frac{\sum_{i=1}^{n}X_i}{n}$$

式中，X_i—各次测定值；n—测定次数。

③中位值：将一系列测定数据按大小顺序排列时的中间值。若测定的次数是偶数，则取正中两个值得平均值。

(2)准确度和精密度。

①准确度：准确度表示测定值与真实值接近的程度，表示测定的可靠性，常用误差来表示，它分为绝对误差和相对误差两种。

$$\text{绝对误差}=X_i-X_t \qquad \text{相对误差}=\frac{X_i-X_t}{X_t}\times 100\%$$

式中，X_i—测定值；X_t—真实值。

②精密度：精密度表示各次测定结果相互接近的程度，表达了测定数据的再现性，常用偏差来表示，分为绝对偏差和相对偏差两种。

$$\text{绝对偏差}=X_i-\overline{X} \qquad \text{相对偏差}=\frac{X_i-\overline{X}}{\overline{X}}\times 100\%$$

准确度和精密度是两个不同的概念，它们是实验结果好坏的主要标志。在分析工作中，最终的要求是测定准确，要做到准确，首先要做到精密度好，没有一定的精密度，也就很难谈得上准确。但是，精密度高的不一定准确，这是由于可能存在系统误差。控制了偶然误差，就可以使测定的精密度好，只有同时校正了系统误差，才能得到既精密又准确的分析结果。

(3)精密度的量度——标准偏差。个别数据的精密度是用绝对偏差或相对偏差表示的。对一系列测定数据的精密度则要用统计学上的方法来量度。因为，即使在相同条件下测得的一系列数据，也总会有一定的离散性，分散在总体平均值的两端。样本标准偏差(S)在统计学上用来表示数据的离散程度，也可用来表示精密度的高低。计算式如下：

$$S=\sqrt{\frac{\sum_{i=1}^{n}(X_i-\overline{X})^2}{n-1}}$$

为了计算方便，也可用下面的等效式计算：

$$S=\sqrt{\frac{\sum_{i=1}^{n}X_i^2-\frac{\left(\sum X_i\right)^2}{n}}{n-1}}=\sqrt{\frac{\sum_{i=1}^{n}X_i^2-n\overline{X}^2}{n-1}}$$

由于标准偏差不考虑偏差的正、负号，同时又增强了大的偏差数据的作用，所以能较好地反映测定数据的精密度。

(二)测定数据的取舍

在定量分析中，常用统计的方法来评价实验所得的数据，决定测定数据的取舍就是其中的一个内容。

1. 置信水平和置信区间

多次测定的平均值比单次测定的更可靠，测定次数愈多，所得平均值愈可靠。但是平均值的可靠性是相对的，仅有一个平均值不能明确说明测定结果的可靠性。如果再求出平均值的标准偏差（$\overline{S}_{\overline{X}}=t\cdot S/\sqrt{n}$），以 $\overline{X}\pm S_{\overline{X}}$ 来表示测定结果会更好一些。但是要使所有测定结果落在 $\overline{X}\pm S_{\overline{X}}$ 这个范围的机会有多大呢？从误差的概率分布可知，这个机会，即概率的 68%，也就是说能有 68%的测定结果是在 $\overline{X}\pm S_{\overline{X}}$ 范围内，这 68%称为置信水平，$\pm S_{\overline{X}}$ 称为置信区间。但是置信水平为 68%对化学分析的要求来说是不够的，因为还有约 1/3 的测定结果不在此范围内。通常在化学分析中，都按置信水平为 95%或 99%来要求。

2. 可疑数据舍弃的实质

若置信水平确定为 95%，有一个可疑数据，如在 95%的范围内，则可取；如在 5%范围内，可认为这个数据的误差不属于偶然误差，而属于过失误差，故这个可疑数据应舍弃。由此可见，可疑数据的舍弃问题，实质上就是区别两种性质不同的偶然误差和过失误差。

3. 数据取舍的方法

数据取舍的方法常有 4 d 准则、Q 检验法、Dixon 检验法和 Grubbs 检验法。由于 Grubbs 检验法较合理，且适用性强，故本教材采用此法。

Grubbs 检验法又称为 Smiroff-Grubbs 检验法，应用此法处理数据时，按下述三种不同情况来处理。

（1）只有一个可疑数据。有 n 个测定数据 $X_1<X_2<X_3<\cdots<X_n$，X_1 为可疑数据时，统计量 T_1 的计算式为：

$$T_1=\frac{\overline{X}-X_1}{S}$$

X_n 为可疑数据时，统计量计算式为：

$$T_n=\frac{X_n-\overline{X}}{S}$$

（2）可疑数据有两个或两个以上，且都在平均值的同一侧。例如，X_1 和 X_2 都为可疑数据，则先检验最内侧的一个数据，即 X_2，通过计算 T_2 来检验 X_2 是否应舍弃。如果 X_2 可舍弃，则 X_1 自然也应舍弃。在检验 X_2 时，测定次数应看作少了一次。

（3）可疑数据有两个或两个以上，而又在平均值两侧。例如，X_1 和 X_n 都为可疑数据，那么应分别先后检验 X_1 和 X_n 是否应舍弃。如果有一个数据决定舍弃，则另一个数据检验时，测定次数应看作少了一次，此时应选择 99%的置信水平。

当 $T\geqslant T_{临}$ 时，则可疑值应舍去。

例：测定碱灰总碱量 $w(Na_2O)$ 得到了 6 个数据，按其大小次序排列：46.25，46.15，46.14，46.13，46.12，45.86，若首尾两数据为可疑值，试用 Grubbs 检验法判断是否应舍弃。

解：求 $\overline{X}=(46.25+46.15+46.14+46.13+46.12+45.86)/6=46.11$

$$S=\sqrt{\frac{\sum_{i=1}^{n}(X_i-\overline{X})^2}{n-1}}=0.130$$

$T_6=(46.11-45.86)/0.130=1.92$

查表 1-3 Grubbs 检验法的临界值，测定次数为 6 时，95%的临界值为 1.89，$T_6=1.92>1.89$，故 45.86 这个可疑值应舍弃。在检验 46.25 这个数据是否应舍弃，求得：

$\overline{X}=(46.25+46.15+46.14+46.13+46.12)/5=46.16$

$S=0.052\ 6$ $\quad T_1=1.71$

测定次数为 5，99%的临界值是 1.76，$T_1=1.71<1.76$，故 46.25 这个数据不应舍弃。

表 1-3 Grubbs 检验法的临界值

测定次数	置信水平		测定次数	置信水平	
	95%	99%		95%	99%
3	1.15	1.15	15	2.55	2.81
4	1.48	1.50	16	2.59	2.85
5	1.71	1.76	17	2.62	2.89
6	1.89	1.97	18	2.65	2.93
7	2.02	2.14	19	2.68	2.97
8	2.13	2.27	20	2.71	3.00
9	2.21	2.39	21	2.73	3.03
10	2.29	2.48	22	2.76	3.06
11	2.36	2.56	23	2.78	3.09
12	2.41	2.64	24	2.80	3.11
13	2.46	2.70	25	2.82	3.14
14	2.51	2.76			

(三)有效数字

1. 有效数字的概念

有效数字是以数字来表示有效数量，也是指在具体工作中实际能测量到的数字。例如，将一蒸发皿用电子天平称量，称得质量为 30.511 9 g，证明这些数字是有效数字，即六位有效数字。如用天平称，则称得质量为 30.5 g，这样仅有三位有效数字。所以有效数字是随实际情况而定，不是由计算结果决定的。

如果数字中有“0”时，则要具体分析。例如，30.511 9 g 及 5.320 0 g 中的“0”都是表示有效数字 0.003 6 g 中的“0”只表示位数，不是有效数字，表明 36 中 3 是在小数点后的第三位，它的有效数字仅有二位。在 0.001 00 中，“1”左边的 3 个“0”不是有效数字，仅表示位数，只起定位作用，而“1”右边的 2 个“0”是有效数字，这个数的有效数字是三位。

在化学计算中，3 600、1 000 以“0”结尾的正整数，它们的有效数字位数比较含糊。一般可以看成是四位有效数字，也可以看成是二位或三位有效数字，需按实际测量的准确度来确定。如果是二位有效数字，则可写成 3.6×10^3、1.0×10^3；还有倍数或分数的情况，如 2 mol 铜的质量$=2\times63.54$，式中的 2 是个自然数，不是测量所得，不应看作一位有效数字，而应认为是无限多位的有效数字。

对数的有效数字的位数仅取决于小数部分(尾数)数字的位数，其整数部分(首数)为 10 的幂数，不是有效数字。比如 pH＝11.20，其有效数字为二位，所以$[H^+]=6.3\times10^{-12}$ mol/L。

2.应用有效数字的规则

(1)有效数字的最后一位数字，一般是不定值。例如，在电子天平上称得蒸发皿的质量为 30.511 9 g，这个“9”是不定值，也就是讲这个数值可以是 30.511 8 g，也可以是 30.512 0 g，这个不定值差别的大小，是由仪器的准确度所决定。记录数据时，只应保留一位不定值。

(2)运算时，以“四舍五入”为原则弃去多余的数字，也有用“四舍六入五留双”的原则，前者是当尾数≤4 时，弃去；当尾数≥5 时，进位。后者当尾数≤4 时，弃去；当尾数≥6 时，进位；尾数＝5 时，如进位后得偶数，则进位，如弃去后得偶数则弃去。我们采用后一种方法。

(3)几个数值相加或相减时，和或差的有效数字保留位数，取决于这些数值中小数点后位数最少的数字。运算时，首先确定有效数字保留的位数，弃去不必要的数字，然后再作加减运算。例如，35.620 8，2.52，30.519 相加时，首先考虑有效数字的保留位数。在这三个数中，2.52 的小数点后仅有两位数，其位数最少，故应以它作标准，取舍后是 35.62，2.52，30.52 相加，具体计算见算式①(在不定值下面加一短横线来表示)。如果保留到小数点后三位，具体计算见算式②。算式①的和只有一位不定值，而算式②的和有两位不定值。由于规定有效数字中，只能有一位不定值，所以应按①式计算。

①
$$\begin{array}{r} 35.62 \\ 2.5\underline{2} \\ 30.52 \\ \hline 68.6\underline{6} \end{array}$$

②
$$\begin{array}{r} 35.620 \\ 2.5\underline{2} \\ 30.519 \\ \hline 68.6\underline{59} \end{array}$$

(4)几个数值相乘或相除时，积或商的有效数字的保留位数，由其中有效数字位数最少的数值的相对误差所决定，而与小数点的位置无关。例如，0.154 5×3.1＝?，假定它们的绝对误差分别为±0.000 1 和±0.1，两个数值的相对误差分别是

$$\frac{\pm1}{1\ 545}\times100\%=\pm0.06\%$$

$$\frac{\pm1}{31}\times100\%=\pm3.2\%$$

第二个数值的有效数字位数少，仅有两位，其相对误差最大，应以它为标准来确定其他数值的有效数字位数。具体计算时，也是先确定有效数字的保留位数，然后再计算。

③
$$\begin{array}{r} 0.15 \\ \times3.\underline{1} \\ \hline 1\underline{5} \\ 45 \\ \hline 0.4\underline{65} \end{array}$$

④
$$\begin{array}{r} 0.155 \\ \times3.\underline{1} \\ \hline \underline{155} \\ 465 \\ \hline 0.4\underline{805} \end{array}$$

在③式中积是 0.465，有两位不定值，最后的数应弃去一位，得 0.460 而在④式中积是 0.480 5，有三位不定值。实际计算应按③式计算。

在乘除运算中，常会遇到 9 以上的大数，如 9.00，9.83 等。其相对误差约为 1‰，与 10.08，12.10 等四位有效数字数值的相对误差接近，所以通常将它们当作四位有效数字的数值处理。

在较复杂的计算过程中，中间各步可暂时多保留一位不定值数字，以免多次弃舍，造成误差的积累。待到最后结束时，再弃去多余的数字。

目前，电子计算器的应用相当普遍。由于计算器上显示的数值位数较多，虽然在运算过程中不必对每一步计算结果进行位数确定，但应注意正确保留最后计算结果的有效数字位数。

（四）实验数据的表示

1. 实验数据的表示方法

化学实验数据的表示方法主要有列表法、图解法和数学方程式三种。下面讨论列表法和图解法。

(1)列表法。这是表达实验数据的最常用的方法。把实验数据列入简明合理的表格中，使得全部数据一目了然，便于进一步处理、运算与检查。一张完整的表格应包含表的顺序号、名称、项目、说明及数据来源五项内容。因此，做表格时要注意以下几点：

①每张表格都应编有序号，有完整而又简明的名称。

②表格的横排称为"行"，竖排称为"列"。每个变量占表中一行，一般先列自变量，后列应变量。每一行的第一列应写出变量的名称和量纲。

③每一行所记录数据，应注意其有效数字位数。同一列数据的小数点要对齐。数据应按自变量递增或递减的次序排列，以显示出变化规律。

(2)图解法。通常是在直角坐标系统中，用图解法表示实验数据，即用一种线图描述所研究的变量间的关系，使实验测得的各数据间关系更为直观，并可由线图求得变量的中间值，确定经验方程中的常数等。现举例说明图解法在实验中的作用。

①表示变量间的定量依赖关系：将自变量作横轴，应变量作纵轴，所得曲线表示二变量间的定量关系。在曲线所示范围内，对应于任意自变量的应变量值均可方便地从曲线上读得。如温度计校正曲线、比色法中的吸光度—浓度曲线等。

②求外推值：对一些不能或不宜直接测定的数据，在适当的条件下，可用作图外推的方法取得。所谓外推法，就是将测量数据间的函数关系外推至测定量范围以外，以求得测量范围以外的函数值。但必须指出，只有在有充分理由确信外推所得结果是可靠时，外推法才有实际价值。即外推的那段范围与实测的范围不能相距太远，且在此范围内被测变量间的函数关系应是线性或可认为是线性。外推值与已有的正确经验不能相抵触。如测定反应热时，两种溶液刚混合时的最高温度不易直接测得，但可测得混合后随时间变化的温度值，通过作温度—时间图，外推得最高温度。

③求直线的斜率和截距：对 $y=mx+b$ 来说，y 对 x 作图是一条直线，m 是直线的斜率，b 是截距。二个变量间的关系如符合此式，都可用作图法来求得 m 和 b。如电极电势与浓度和温度间的关系可用能斯特方程表示：

$$E=E^{\ominus}-\frac{RT}{nF}\ln\frac{[\text{还原型}]}{[\text{氧化型}]}$$

同样 E 对 $\ln[\text{还原型}]/[\text{氧化型}]$ 作图也是一条直线，其截距就是此电对的标准电极电势 $E^{\ominus}$，从斜率可求得得失电子数 n。

若测量数据间的函数关系不符合线性关系，则可变换变量，使新的函数关系符合线性关系。如反应速率常数 k 和活化能 E_a 的关系为指数函数关系：$k=Ae^{\frac{E_a}{RT}}$ 若对两边取对数，则可使其线性变化，作 lg$k$ 对 $1/T$ 图，由直线的斜率可求出活化能 E_a。

2. 作图技术的简单介绍

图解法是实验结果的表示方法之一，利用图解法能否得到良好的结果，这与作图技术的高低有十分密切的关系。下面简单介绍直角坐标纸作图的要点。

(1)一般以自变量作横轴，应变量作纵轴；

(2)坐标轴的比例选择的原则如下：首先要使图上读出的各种量的准确度和测量得到的准确度一致，即使图上的最小分度与仪器的最小分度一致，要能表示全部有效数字。其次是要方便易读，例如 1 cm(即一大格)表示 1,2,5 这样的数比较好，而表示 3,7 等数字则不好。还要考虑充分利用作图纸，不一定所有的图均要把坐标原点作为 0，可根据所作的图来确定。

(3)把所测得的数值画到图上，就是代表点，这些点要能表示正确的数值。若在同一图纸上画几条直(曲)线时，则每条线的代表点需要不同的符号表示。

(4)在图纸上画好代表点后，根据代表点的分布情况，作出直线或曲线。这些直线或曲线描述了代表点的变化情况，不必要求它们通过全部代表点，而是能够使代表点均匀地分布在线的两边。

曲线的具体画法：先用笔轻轻地按代表点的变化趋势，手描一条曲线，然后再用曲线板逐段凑合手描曲线，作出光滑的曲线。

(5)图作好后，要写上图的名称，注明坐标轴代表的量的名称、所用单位、数值大小以及主要的测量条件。

(6)为了作好图，对所用的主要工具要有选择。如铅笔硬度以 1H 为好；直尺和曲线板，选用透明的比较好，因在作图时，能全面地看到实验点的分布情况。

另外，在计算机技术飞速发展的今天，利用已开发的计算机软件平台进行实验数据的处理已经是十分方便的事。利用电子表格既可以对所记录的数据进行快速、自动的处理，还可计算结果绘出各种图形。例如，用 Excel 完成回归分析，并用回归后的数据在计算机上作出需要的图形。

参考文献

1. 南京大学大学化学实验教学组. 大学化学实验. 北京：高等教育出版社，1999(2002 年重印).

2. 山东大学等校. 基础化学实验(Ⅰ). 北京：化学工业出版社，2003.

第二篇　基础知识及基本操作

一、常用仪器简介

仪器名称	规　格	用　途	注意事项
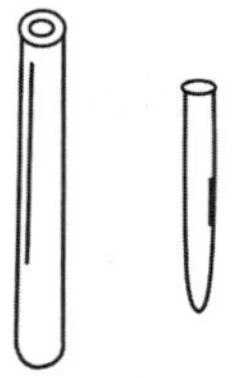 试管 离心试管	分硬质试管、软质试管、普通试管、离心试管。普通试管以管口外径(mm)×长度(mm)表示。如 25×100，10×15 等。离心试管以 mL 数表示	用作少量试剂的反应容器，便于操作和观察。离心试管还可用作定性分析中的沉淀分离	可直接用火加热；硬质试管可以加热至高温；加热后不能骤冷，特别是软质试管更容易破裂；离心试管只能用水浴加热
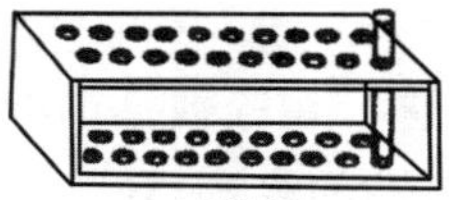 试管架	有木质、铝质、塑料的	放试管用	
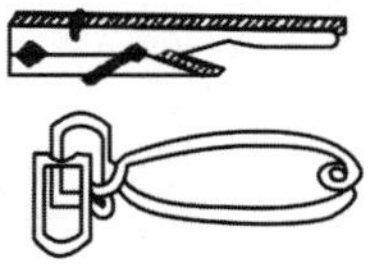 试管夹	由木头、钢丝或塑料制成	夹试管用	防止烧损或锈蚀
 毛刷	以大小和用途表示。如试管刷、滴定管刷等	洗刷玻璃仪器用	小心刷子顶端的铁丝撞破玻璃仪器
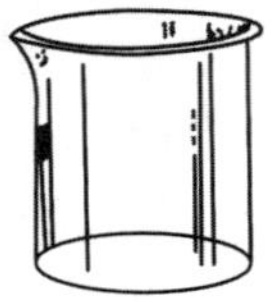 烧杯	玻璃质。分硬质、软质，有一般型和高型，有刻度和无刻度。规格按容量(mL)大小表示	用作反应物量较多时的反应容器。反应物易混合均匀	加热时应放置在石棉网上，使受热均匀
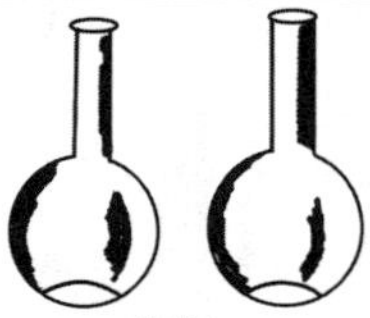 烧瓶	玻璃质。分硬质、软质。有平底、圆底、长颈、短颈几种及标准磨口烧瓶。规格按容量(mL)大小表示。磨口烧瓶是以标号表示其口径的大小的。如 14，19 等	反应物多，且需长时间加热时，常用它作反应容器	加热时应放置在石棉网上，使受热均匀

续表

仪器名称	规　格	用　途	注意事项
 锥形瓶	玻璃质。分硬质和软质。有平底、圆底、长颈、短颈几种。规格按容量(mL)大小表示	反应容器。振荡很方便,适用于滴定操作	加热时应放置在石棉网上,使受热均匀
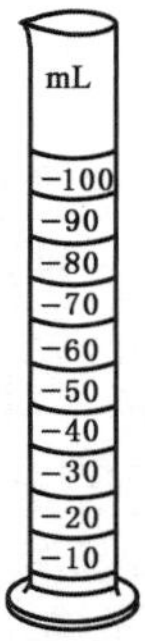 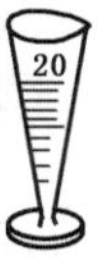 量筒　量杯	玻璃质。以所能量度的最大容积(mL)表示	用于量度一定体积的液体	不能加热。不能用作反应容器;不能量热溶液或液体
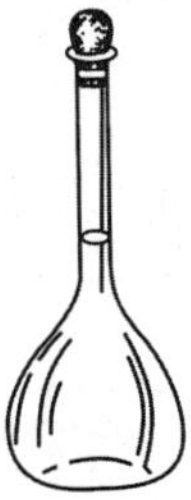 容量瓶	玻璃质。以刻度以下的容积大小表示		配制准确浓度的溶液时用;配制时液面应恰在刻度上
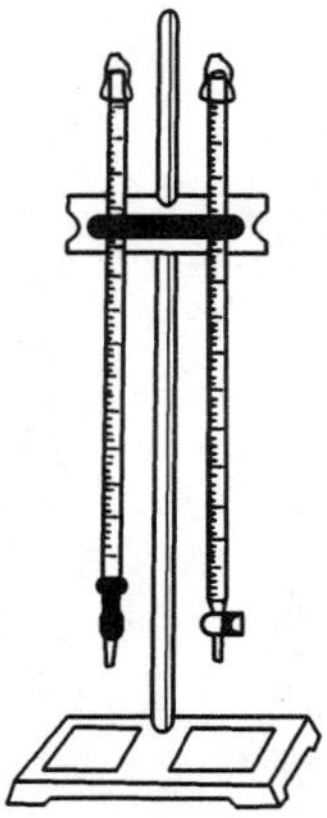 滴定管(及支架)	玻璃质。分酸式和碱式两种;规格按刻度最大标度表示	用于滴定或准确量取液体体积	不能加热或量取热的液体或溶液;酸式滴定管的玻璃活塞是配套的,不能互换使用

续表

仪器名称	规　格	用　途	注意事项
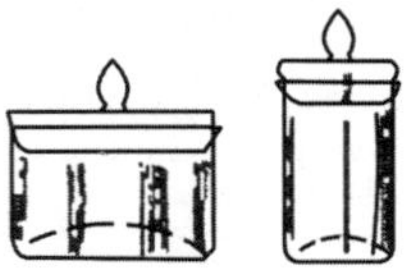 称量瓶	玻璃质。规格以外径(mm)×高(mm)表示;分“扁型”和“高型”两种	差减法称量一定量的固体样品时用	不能直接用火加热,瓶和塞是配套的,不能互换
 干燥器	玻璃质。规格以外径(mm)大小表示;分普通干燥器和真空干燥器	内放干燥剂,可保持样品或产物的干燥	防止盖子滑动打碎,灼热的东西待稍冷后才能放入
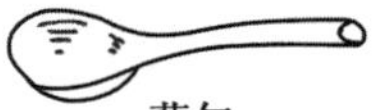 药勺	由牛角、瓷或塑料制成,现多数是塑料的	取固体样品用,药勺两端各有一勺,一大一小,根据用药量的大小分别选用	取用一种药品后,必须洗净,并用滤纸屑擦干后,才能取另一种药品
 滴瓶　细口瓶　广口瓶	一般多为玻璃质	广口瓶用于盛放固体样品;细口瓶、滴瓶用于盛放液体样品,不带磨口的广口瓶可用作集气瓶	不能直接用火加热;瓶塞不要互换,不能盛放碱液,以免腐蚀塞子
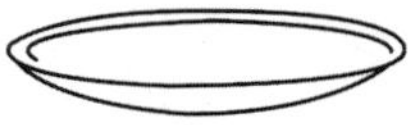 表面皿	以口径大小表示,质地玻璃	盖在烧杯上,防止液体迸溅或其他用途	不能用火直接加热
 漏斗和长颈漏斗	以口径大小表示,质地玻璃	用于过滤等操作;长颈漏斗特别适用于定量分析中的过滤操作	不能用火直接加热
 吸滤瓶和布氏漏斗	布氏漏斗为瓷质,以容量或口径大小表示;吸滤瓶为玻璃质,以容量大小表示	两者配套用于沉淀的减压过滤(利用水泵或真空泵降低吸滤瓶中压力时将加速过滤)	滤纸要略小于漏斗的内径才能贴紧;不能用火直接加热

续表

仪器名称	规　格	用　途	注意事项
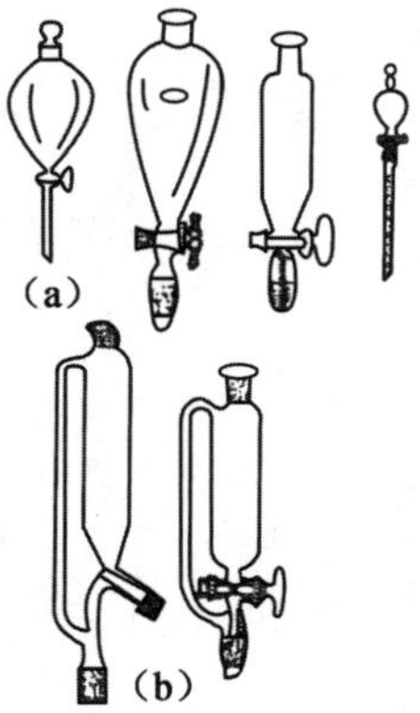 分液漏斗	以容积大小和形状(球形、梨形)表示,质地玻璃	用于互不相溶的液-液分离;也可用于少量气体发生器装置中加液	不能用火直接加热;漏斗塞子不能互换,活塞处不能漏液
 蒸发皿	以口径或容积大小表示;用瓷、石英或铂制作	蒸发浓缩液体用;随液体性质不同可选用不同质的蒸发皿	能耐高温,但不宜骤冷;蒸发溶液时,一般放在石棉网上加热
 坩埚	以容积(mL)大小表示;用瓷、石英、铁、镍或铂制作	灼烧固体时用;随固体性质之不同可选用不同质的坩埚	可直接用火灼烧至高温,热的坩埚稍冷后移入干燥器中存放
 泥三角	由铁丝弯成并套有瓷管,有大小之分	灼烧坩埚时放置坩埚用	
 石棉网	由铁丝编成,中间涂有石棉,有大小之分	石棉是一种不良导体,它能使受热物体均匀受热,不造成局部高温	不能与水接触,以免石棉脱落或铁丝锈蚀
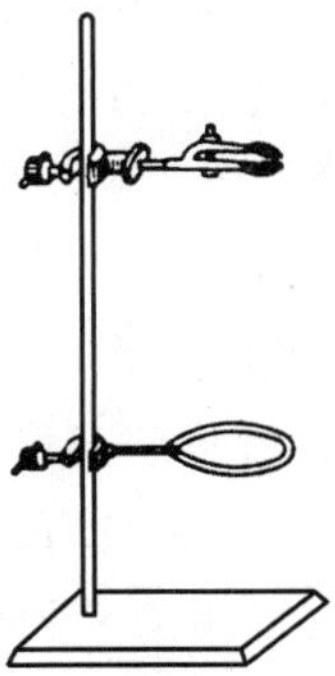 铁架台		用于固定或放置反应容器,铁环还可以代替漏斗架使用	

续表

仪器名称	规　格	用　途	注意事项
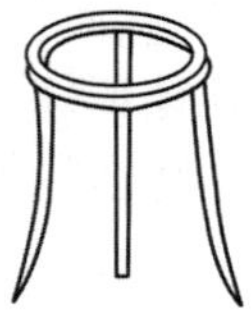 三脚架	铁制品;有大小、高低之分,比较牢固	放置较大或较重的加热容器	
 研钵	用瓷、玻璃、玛瑙或铁制成;规格以口径大小表示	用于研磨固体物质,或固体物质的混合;按固体的性质和硬度选择不同的研钵	不能用火直接加热;大块固体物质只能碾压,不能捣碎
 燃烧匙	铁制品或铜制品	检验物质可燃性用	用后立即洗净,并将匙勺擦干
 水浴锅	铜制品或铝制品	用于间接加热,也用于控温实验	用于加热时,防止将锅内水烧干;用完后将锅内水倒掉,并擦干锅体,以免腐蚀

二、玻璃仪器的洗涤与干燥

(一)仪器的洗涤

玻璃仪器在使用前必须洗净,是化学实验操作中的重要环节之一。洗涤干净,既保证溶液不受污染,又能保证化学实验现象和数据的可靠。实验仪器使用前后必须洗涤,洗涤的方法如下:

1. 试管、烧杯、量筒等普通仪器的洗涤

先在容器内注入少量自来水,选用大小合适的毛刷沾少许去污粉刷洗,然后用水冲洗。在用毛刷洗涤试管时,将顶端的毛顺着伸入被洗刷试管,轻轻刷洗,避免用力过猛将底部捣破,应一支一支洗涤试管,千万不要同时抓几支试管在水龙头下冲洗。洗涤干净的内壁能均匀地被水润湿而不挂水珠,如果有水珠挂在玻璃仪器的内壁上,表示仪器内壁沾有油脂或其他污垢,应重新洗涤。洗净后还需用去离子水少许冲洗 2～3 次。

2. 容量仪器(如滴定管、移液管、容量瓶等)的洗涤

由于此类仪器洗涤的洁净程度要求高,仪器的形状比较特殊,不宜用毛刷刷洗,常用洗液进行洗涤。洗涤的顺序依次是:①水冲洗容器;②淋干;③加入少量洗液,转动容器使其内壁全部被洗液浸润,稍等片刻将洗液倒回原瓶;④用自来水冲洗干净;⑤用去离子水冲洗 2~3 次。用去离子水洗仪器时,一般采用顺壁冲洗并加摇荡及每次用水量少而多洗几次的办法(即"少量多次"),能达到清洗得好、快、省的目的。洗涤后的仪器内壁清洁透明,不挂小水珠。

(二)常用的洗涤液

1. 铬酸洗涤液(重铬酸钾的硫酸溶液)

常用于不易用刷子刷洗的器皿。配制的方法是:称取 10 g 工业用 $K_2Cr_2O_7$ 于烧杯中,加入 20 mL 热水溶解。待冷却后,一面搅拌一面慢慢加入 160 mL 浓硫酸(注意安全),溶液呈暗红色,冷却后贮于试剂瓶中备用。

铬酸洗液使用后,应倒回原来容器内反复使用。为了防止洗涤液在使用时过于稀释,必须把待洗器皿中的水尽量沥尽后,再倒入洗液。如果洗涤液颜色变绿(还原成 Cr^{3+} 的配合物),表示洗液失效,必须重新配制。

铬酸洗液有很强的腐蚀性;使用时应特别小心。

铬(Ⅵ)有毒,清洗残留在仪器上的洗液时,第一、二遍的洗涤液不要倒入下水道,应回收处理。

2. 碱性高锰酸钾洗涤液

用于洗涤油腻及有机物。配制方法是将 4 g 高锰酸钾溶于少量水中,慢慢加入 100 mL 10% NaOH 溶液即可。洗后残留在器壁上的 MnO_2 沉淀,可用还原性洗液(如草酸水溶液中加入几滴浓硫酸)将其除去。

3. 肥皂液、碱液及合成洗涤剂

用以洗涤油脂和一些有机物(如有机酸)。配成浓溶液即可使用。

4. 酸液

多数不溶于水的无机物都可以用少量粗 HCl 洗去。

5. 有机溶剂

(三)仪器的干燥

1. 烘干

洗净的玻璃仪器可以放在电热干燥箱(烘箱)内烘干。放进去之前应尽量把水沥干净。放置时,应注意使仪器的口朝下(倒置后不稳的仪器则应平放)。可以在电热干燥箱的最下层放一个搪瓷盘,以接收从仪器上滴下的水珠,不使水滴到电炉丝上,以免损坏电炉丝。

2. 烤干

烧杯和蒸发皿可以放在有石棉网的电炉上烤干。试管可以直接用酒精灯小火烤干,操作时,先将试管略为倾斜,管口向下,并不时地来回移动试管,水珠消失后,再将管口朝上,以便水汽逸出。

3. 晾干

洗净的仪器可倒置在干净的实验柜内或仪器架(滴水架)上(倒置后不稳定的仪器,应平放),让其自然干燥。

4.吹干

用压缩空气或吹风机把仪器吹干。

5.用有机溶剂干燥

一些带有刻度的计量仪器,不能用加热方法干燥,否则,会影响仪器的精密度。我们可将一些易挥发的有机溶剂(如酒精或酒精与丙酮的混合液)倒入洗净的仪器中(量要少),把仪器倾斜,转动仪器,使器壁上的水与有机溶剂混合,然后倾出,少量残留在仪器内的混合液,很快挥发使仪器干燥。

6.气流烘干

实验室也常用气流烘干器干燥玻璃仪器。

这些干燥方法也常常配合使用,如使用有机溶剂后,再晾干或吹干。

三、化学试剂与实验用水

(一)实验用水

水是一种宝贵的自然资源,在人类生活、工业生产、实验研究中有多种用途,如可作为传递热量的介质、反应的原料、反应的介质、工艺过程中的溶剂、洗涤剂、吸收剂。

由于水是一种良好的溶剂和吸收剂,因而水往往是不纯的。普通水中常含有各种各样的杂质,如可溶性盐类、微生物、有机物等,从而对实验结果产生一定的影响,因而在化学实验中对水的质量有一定的要求,需根据所做实验对水的质量要求而合理选用不同规格的水。

1.实验用水规格

我国已建立了实验室用水规格的国家标准(GB 6682—2008),规定了实验室用水的技术指标、制备方法及检验方法,见表2-1。

表2-1 实验室用水的级别及主要指标

指标名称	一级	二级	三级
pH范围(298 K)	—	—	5.0~7.5
电导率/(mS/m)(298 K)	≤0.01	≤0.10	≤0.50
吸光度(254 nm,1 cm光程)	≤0.001	≤0.01	—
二氧化硅/(mg/L)	≤0.01	≤0.02	—

2.纯水的制备

实验室常用的纯水为蒸馏水、去离子水和电导水。

(1)蒸馏水的制备。将自来水在蒸馏装置中加热汽化,蒸汽冷凝即得蒸馏水。水经蒸馏后可除去水中不挥发性杂质和微生物,但不能除去水中溶解的气体。此外,由于蒸馏装置的腐蚀,所以蒸馏水中会有金属离子等微量杂质。蒸馏水的电导率为1 mS/m,接近三级水。

(2)去离子水的制备。将自来水通过装有阳离子交换树脂和阴离子交换树脂的树脂交换柱,利用交换树脂中的活性基团与水中杂质离子的交换作用,可除去水中的杂质离子,得到净化水。用离子交换法得到的纯水常称为“去离子水”,去离子水纯度比蒸馏水高,其在298 K时的电导率为0.1 mS/m,接近二级水,但去离子水中常含有微量的有机物。

(3)电导水的制备(电渗析法)。将自来水通过由阴阳离子交换膜组成的电渗析器,在外电场的作用下,利用阴阳离子交换膜对水中阴阳离子的选择透过性,除去水中杂质离子,达到净化水的目的。电导水中常含有非离子型杂质,298 K时的电导率约为0.1 mS/m,接近二级水。

通常,纯水都要经过2~3道纯化过程,以获取尽量少的杂质含量。此外,有些实验对水还有特殊的要求,如要无氧气、无二氧化碳气体,或无Fe^{3+}、无氨气等,这时水还需再进一步处理,才能达到使用要求。

3.纯水的使用

使用纯水应注意节约,并根据实验要求,选用适当级别的纯水,不应盲目追求水的纯度。

为了使实验室使用的纯水保持纯净,取水时不能直接接触容器口,且容器口随时加塞封好。为了防止污染,在纯水周围不要存放浓盐酸、氨水等易挥发的试剂。纯水存放时间不宜过长。

(二)化学试剂

1.试剂的纯度等级

我国通用试剂的纯度等级,一般分为四级。试剂的纯度标准分:国家标准,符号"GB"表示;化学工业部标准,用"HG"或"HGB"表示;地方企业标准和厂定标准,用"企业"表示。不同纯度的试剂,杂质含量不同,应根据实验要求,合理选用不同级别的试剂,我国的化学试剂等级规格见表2-2。

表2-2　我国化学试剂等级规格

试剂级别	表示符号	标签颜色	应用范围
一级品"优级纯"(保证试剂)	GR	绿	精密实验,分析鉴定实验
二级品"分析纯"(分析试剂)	AR	红	定性定量分析实验,一般科学实验
三级品"化学纯"	CP	蓝	一般无机、有机化学实验
生化试剂、生物染色剂	BR	咖啡、玫红色	生物化学及医药化学实验

一般在试剂瓶的外标签上除标明纯度等级外,应标示试剂名称、化学式、摩尔质量、技术规格、产品标准号、生产批号、厂名等,危险品和毒品还应给出相应的标志。

2.试剂的保管

试剂应保存在通风、干燥、洁净的房间内,要按试剂的性质分类存放,易燃易爆试剂应单独存放,应有安全的防护措施,强氧化还原剂应密封,避光保存。易挥发、低沸点试剂应置于低温阴暗处,见光易分解的试剂或溶液(如硝酸银等)盛放在棕色瓶内。

每一试剂瓶都应贴有标签,写有名称、规格浓度(溶液)以及日期,在标签外面涂上一层蜡进行保护。应养成配好试剂立即贴上标签的习惯。

强腐蚀剂应放置在抗腐蚀性材料(耐酸水泥、耐酸陶瓷)制成的架子上。剧毒试剂应有专人妥善保管,用时严格登记。

3.试剂的取用

(1)试剂使用规则

A.实验用化学试剂无论是否有毒,一律不能入口。

B. 取用试剂时要用药匙或量具，取出试剂未用完的，不能再放回试剂瓶，避免交叉污染。

C. 取用易挥发液体时，瓶口不宜对着眼、口、鼻，以防蒸气伤害人体。

D. 易潮解、风化试剂，用毕瓶口需蜡封。

E. 实验后的反应物残渣、废液应倒入指定容器内，剧毒品（浓酸、毒品、强氧化剂、强腐蚀剂、有机溶剂等）需经处理才能倒入废液缸。

（2）液体试剂的取用。液体试剂一般盛放在细口玻璃瓶中，瓶塞分平顶的和带滴头的。瓶上贴有标签，标签上标明试剂名称、浓度、纯度及日期等内容，取用前应注意标签内容是否符合实验要求。

A. 从平顶瓶塞试剂瓶取用试剂的方法如图 2-1 所示。取瓶塞时，应将取出的瓶塞倒放在桌上，右手握瓶，使标签贴着手心（若贴双标签，则倾倒时避免液体腐蚀标签），以瓶口靠着容器壁，缓缓倾出所需液体，让液体沿着器壁流下，倒完后，将瓶口在容器壁上靠一下，再将试剂瓶竖直，以免液滴沿外壁流下。取完试剂后立刻塞好瓶塞，把试剂瓶放回原处，瓶上标签朝外。

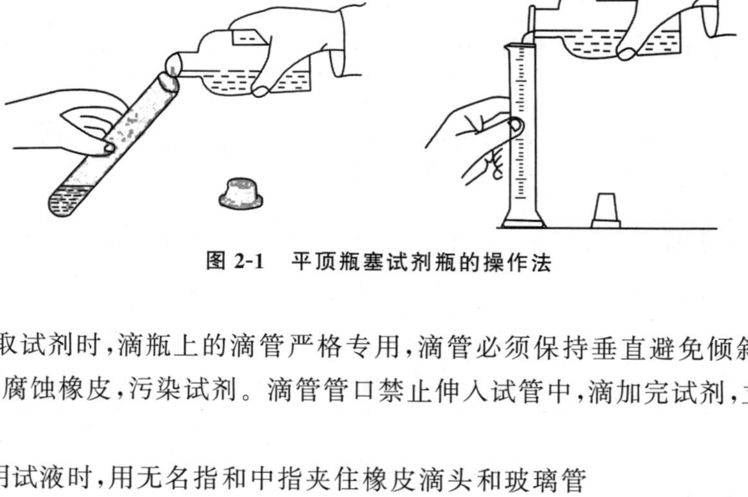

图 2-1　平顶瓶塞试剂瓶的操作法

B. 从滴瓶取试剂时，滴瓶上的滴管严格专用，滴管必须保持垂直避免倾斜、倒置，以免试剂流入乳胶头，腐蚀橡皮，污染试剂。滴管管口禁止伸入试管中，滴加完试剂，立即将滴管插回原试剂瓶中。

用滴管取用试液时，用无名指和中指夹住橡皮滴头和玻璃管的连接处，用拇指和食指挤压橡皮滴头。吸取试液时，先把滴管提出液面，挤去滴头中的空气，再把滴头伸入试液中吸取（图 2-2）。滴入试管时，滴管垂直于管口上方，滴管切莫触及试管壁，以免沾污滴管。胶头滴管滴出的液体一般约 20 滴为 1 mL。

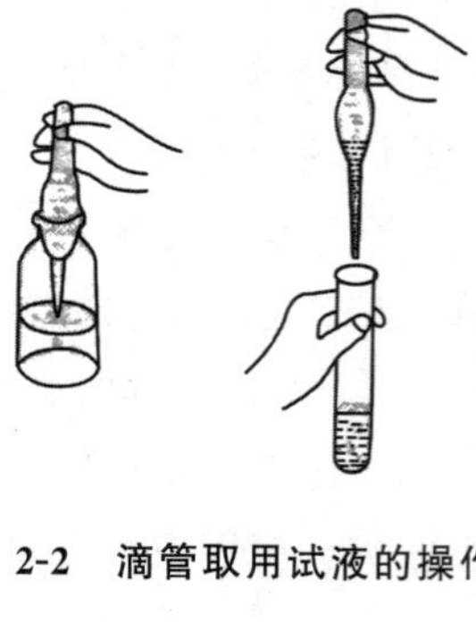

图 2-2　滴管取用试液的操作

（3）固体试剂的取用。固体药品一般存放在广口瓶中，取用时使用干净、干燥的药匙（专匙专用，不可混用），较大的块状固体用镊子夹出。用过的药匙、镊子立刻洗净、擦干，以备再用。试剂取用后应立刻塞好瓶塞，并将试剂瓶放回原处。

4. 试纸的使用

（1）试纸的种类。实验室中经常会用试纸来定性检验某种物质的存在或测定物质的性质，大学基础化学实验中常用的试纸有石蕊试纸、酚酞试纸、pH 试纸、淀粉碘化钾试纸、醋酸铅试纸等，用试纸检验操作简单，使用方便。

A. 石蕊试纸和酚酞试纸：石蕊试纸有红色和蓝色两种。红色石蕊试纸遇碱变蓝，蓝色石蕊试纸遇酸变红。石蕊试纸、酚酞试纸可定性检验溶液（气体）的酸碱性（在检验气体时，一般需预先以纯水润湿）。

B. pH 试纸：pH 试纸有广泛 pH 试纸和精密 pH 试纸。广泛 pH 试纸测量的 pH 范围：1～14；精密 pH 试纸测量的 pH 范围分别为：2.7～4.7，3.8～5.4，5.4～7.0，6.9～8.4，8.2～10.0，9.5～13.0 等，其准确度可达 0.02 个 pH 单位。实际使用时应根据待测溶液的酸碱性，来选用某一变色范围的 pH 试纸。

C. 淀粉碘化钾试纸：用以定性地检验氧化性气体（如 Cl_2，Br_2 等）。当氧化性气体遇到湿的试纸后，将试纸上的 I^- 氧化为 I_2，I_2 立即与试纸上的淀粉作用而变蓝色。

要注意的是，如果氧化性气体的氧化能力很强且气体浓度也较高，就有可能将 I_2 继续氧化成 IO_3^-，则试纸又会褪色。

D. 醋酸铅试纸：用来定性检验 H_2S 气体。当有 H_2S 气体逸出，遇到试纸后，立即与试纸上的醋酸铅反应，生成黑色 PbS 沉淀，使试纸呈棕黑色，并有金属光泽。

(2)试纸的使用。要节约使用试纸，应把试纸剪成小块，随用随取，用后的试纸丢在废物缸中，不能丢在水槽内。

A. 石蕊试纸和酚酞试纸：将一小块试纸放在干燥洁净的点滴板或表面皿边缘处，用玻棒蘸少许待测液，点在试纸中部，观察试纸颜色变化，确定溶液酸碱性。

B. pH 试纸：取一小块 pH 试纸放在点滴板上，用玻棒蘸取待测液点在试纸中央，待试纸变色后，与标准色阶板比较，确定溶液 pH 或 pH 范围。

C. 淀粉碘化钾试纸和醋酸铅试纸：取小块试纸，用蒸馏水润湿后贴在玻棒一端，将玻棒贴有试纸的一端贴近试管口。如逸出气体较少，可将试纸伸入试管，但要注意试纸不能接触溶液。

四、加热与冷却操作

温度是决定化学反应速度以及反应发生方向的极重要的因素，在化学实验中，几乎所有实验都离不了加热与冷却操作过程。

(一)加热方法

1. 常用的加热容器

实验中常用的加热玻璃器皿有烧杯、烧瓶、锥形瓶、试管等，另外还常用蒸发皿、坩埚。加热过程要避免骤冷骤热，注意所有量器不能作为加热器皿。表面皿不可置于石棉网上直接加热。

2. 灯的使用

(1)酒精灯。酒精灯是实验室最常用的加热灯具。安全使用是第一要素。酒精灯由灯罩、灯芯和灯壶三部分组成。

酒精灯要用火柴点燃，决不能用燃着的酒精灯来点燃，否则易将灯内酒精洒出，引起火灾。要熄灭灯焰时，可将灯罩盖上，决不允许用嘴去吹灭。火焰熄灭片刻后，应将灯罩打开一次，再重新盖上，否则下次使用酒精灯会打不开罩子。盖灭酒精灯时应从容不迫，切不可慌张急燥。加热时灯内的酒精量应保持在 1/3～2/3 之间，灯芯的位置应合适，在添加酒精和调整灯芯时须熄灭酒精灯否则易引起爆炸和火灾。

酒精灯的加热温度一般在 400～500℃之间，适用于温度不需太高的实验。若要使灯焰平衡，并适当提高温度，可以加金属网罩，如图 2-3 所示。

(2)酒精喷灯。酒精喷灯的构造如图 2-4 所示。

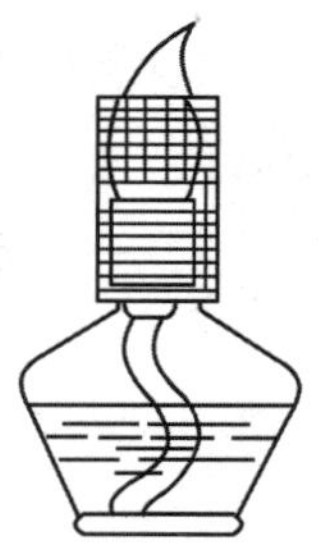

图 2-3　加网罩的酒精灯

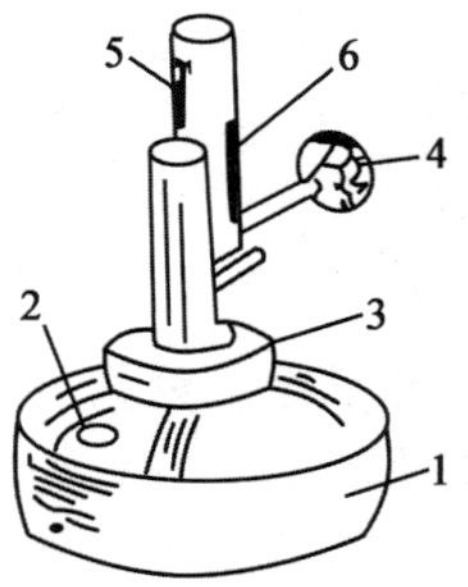

1—酒精储罐；2—酒精储罐盖；3—预热盆；4—开关；5—灯管；6—气门

图 2-4　酒精喷灯

使用时打开酒精储罐盖 2，向酒精储罐 1 里加入 200～300 mL 酒精(约占酒精储罐容积的 2/3)，拧紧酒精储罐盖。在预热盆 3 中倒满酒精，点燃酒精以加热灯管 5。待盆内酒精接近燃完时，将划着的火柴移至灯口，同时开启开关 4，使酒精从储罐内进入灯管 5，并受热汽化，与进入气门 6 的空气混合，即可点燃。调节开关 4，以得到正常的火焰。用毕，用一石棉网盖在灯管口，火即可熄灭，酒精喷灯一般能达到与煤气灯一样的高温(700～1 000℃)。

使用酒精喷灯时应注意在点燃喷灯前，灯管必须充分灼烧，否则酒精在灯管内难以全部汽化，导致液态酒精从管口喷出，形成“火雨”，这是很危险的。

要避免酒精喷灯长时间使用，使用 0.5～1 h 要冷却一段时间再使用，同时注意补加酒精，不可干烧或酒精量过少的情况下使用，以免发生危险或损坏喷灯。

3. 直接加热

(1)加热液体。对于在较高温度下不易分解、不易燃的液体，可置于试管或烧杯以及其他耐热器皿中直接用火焰加热。

少量的液体装在试管中加热，液体量不能超过试管容量的 1/3，加热前将管壁外擦干。加热时用试管夹夹住试管的中上部，试管口朝上，微微倾斜，先预热液体的中上部，再慢慢下移，然后不时上下移动，使管壁受热均匀，如图 2-5 所示。注意移动过程中管口不能朝向他人，加热后试管不能放在过冷或湿的地方，以免管壁破裂。

若需加热的液体较多，可选用烧杯、烧瓶等玻璃容器加热，所加液体量一般不超过容器容量的 1/2，为了受热均匀须放在石棉网上加热，如图 2-6 所示。

若需把溶液蒸发浓缩，则要把溶液移至蒸发皿中，在泥三角上加热。蒸发皿内所盛放的液体量不应超过其容量的 2/3，蒸发过程不需搅拌，以免破坏晶形，且在溶液沸腾后需改用小火

图 2-5　试管中液体加热

图 2-6　烧杯加热

慢慢加热，防止溶液喷溅。

(2)加热固体。对于在高温下不易燃烧的固体，可采用直接加热法加热。

在试管中加热固体，必须将试管口稍微向下倾斜，使管口略低于管底，避免凝结在管壁的水珠倒流入灼热的试管底部，而使试管炸裂。试管可用试管夹夹住加热，也可用铁夹固定加热，如图 2-7 所示。

在蒸发皿中加热固体，需注意火焰的调节，先小火预热，再逐步加大火焰，避免蒸发皿局部受热，导致受热不均而炸裂。在加热过程中须充分搅拌，使固体受热均匀，防止颗粒喷溅。

当固体物质需要高温灼烧时，先把固体放在坩埚中用低温小火烘烧，然后用氧化焰灼烧(图 2-8)或在马弗炉中高温灼烧。加热停止，需待坩埚稍冷，然后用预热过的坩埚钳夹取坩埚，放入干燥器内冷却。

图 2-7　试管中的固体加热

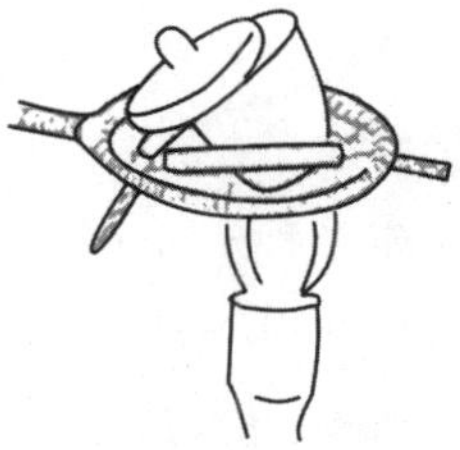

图 2-8　灼烧坩埚内的固体

4.间接加热

当被加热的物体要求受热均匀且温度要求恒定在一定的范围内时，可采用水浴、油浴或砂浴等来进行加热。

(1)水浴加热。100℃以下温度的加热，常采用水浴。水浴可在恒温水浴锅中进行，容量大，控温好。也可用大烧杯代替恒温水浴锅加热，但应注意调节加热火焰大小，并可用冷热水调节水温。用水浴加热时，注意容器内受热物体应完全浸没于水浴中，但不能触到底部，如图 2-9 所示。另外注意，搅拌使物体受热均匀。

(2)油浴加热。油浴是以介质油代替受热介质水，利用油的沸点高于水的沸点，从而达到更高的加热温度。油浴可选用甘油(150℃)和液体石蜡(200℃)等，有条件最好使用硅油(接近 300℃)使用油浴要小心。防止着火。

(3)砂浴加热。要加热更高的温度,可选用砂浴。砂浴是将细砂盛在铁盘内,用酒精喷灯加热铁盘,受热容器下部埋入砂中(图 2-10)。

图 2-9　水浴加热

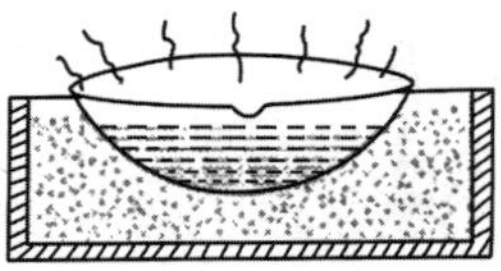

图 2-10　砂浴加热

(二)冷却方法

1.流水冷却

加热或反应放热后需冷至室温的溶液,可直接用自来水淋洗器壁,加速冷却。超过 100℃的容器,要在空气中冷却一段时间,再用水冷却。

2.冰水浴冷却

在水中加入固体冰,可调节水温低于室温,最低可达 273 K。将需冷却的物体置于冰水浴中。可搅拌加速冷却。

3.冰盐浴冷却

要获取 273 K 以下的温度,可选用冰盐浴。将冰块和盐尽量磨细,充分混合后,可达到不同的低温。

例如:

100 份碎冰+4 份 $CaCl_2 \cdot 6H_2O$	264 K
3 份碎冰+1 份 NaCl	252 K
冰水+100 份 NH_4NO_3+100 份 $NaNO_3$	238 K
4 份碎冰+5 份 $CaCl_2 \cdot 6H_2O$	218 K

冰盐浴能达到的低温与盐种类、盐浓度有关。此外,冰盐浴应选择杜瓦瓶作容器。

4.液氨浴冷却

液氨浴是常用的一种冷浴,温度可在 240～228 K。

5.干冰浴冷却

干冰(CO_2)的相变温度为 194.5 K,干冰与有机溶剂(如丙酮、乙醇、氯仿)混合,可改善导热性能。干冰浴温度也与加入的有机试剂的种类及量相关,如

干冰+乙醇	201 K
干冰+丙酮	195 K
干冰+一氯甲烷	191 K

干冰浴使用需小心,会猛烈起泡!

6.液氮浴冷却

氮气(N_2)液化温度为 77.2 K。液氮浴一般用在合成反应与物质物化性能试验中。

五、滴定分析操作与称量练习

(一)滴定实验基本操作

1.滴定管的使用

滴定管主要用于定量分析作滴定用,有时也能用于精确取液。

滴定管分酸式[图 2-11(a)]和碱式两种[图 2-11(b)]。酸式滴定管的下端有一玻璃旋塞,开启旋塞酸液即自管内滴出。用来装酸性溶液或氧化性溶液,但不适用于装碱性溶液。碱性滴定管的下端用橡皮管连接一个带尖嘴的小玻璃管。橡皮管内装有一个玻璃珠,用手指捏挤玻璃珠周围的橡皮时会形成一条狭缝,溶液即可流出,并可控制流速[图 2-11(c)]。玻璃珠的大小要适当,过小会漏液或使用时上下滑动,过大则在放液时手指吃力,操作不方便。碱式滴定管不宜盛放对乳胶管有腐蚀作用的溶液,如 $KMnO_4$、I_2、$AgNO_3$ 等溶液。

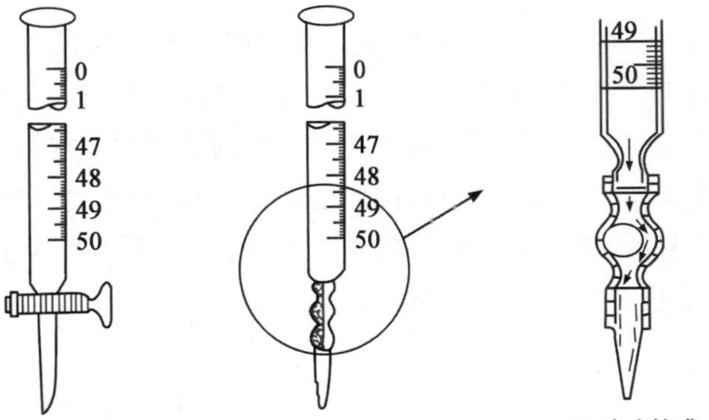

(a)酸式滴定管　(b)碱式滴定管　(c)玻璃管嘴

图 2-11　滴定管

(1)滴定管的使用。

①洗涤:选择合适的洗涤剂和洗涤方法。通常滴定管可用自来水或管刷蘸肥皂水或洗涤剂洗刷(避免使用去污粉),而后用自来水冲洗干净,蒸馏水润洗;有油污的滴定管要用铬酸洗液洗涤(用后回收)。

②涂凡士林:酸式滴定管洗净后,玻璃活塞处要涂凡士林(起密封和润滑作用)。涂凡士林的方法(图 2-12)是:将管内的水倒掉,平放在台上,拔出活塞,用滤纸将活塞和活塞套内的水吸干,再换滤纸反复擦拭干净。将活塞上均匀地涂上薄薄一层凡士林(涂量不能多),将活塞插入活塞套内,旋转活塞几次直至活塞与塞槽接触部位呈透明状态,否则,应重新处理。为避免活塞被碰松动脱落,涂凡士林后的滴定管应在活塞末端套上小橡皮圈。

③检漏:检查密合性,管内充水至最高标线,垂直挂在滴定台上,10 min 后观察活塞边缘及管口是否渗水;转动活塞 180°,再观察一次,若漏水须重新涂凡士林,直至不漏水为准。

④装液:为了避免装入后的标准溶液被稀释,应用此标准溶液 5～10 mL 洗涤滴定管 2～3 次。操作时,两手平端滴定管,慢慢转动,使标准溶液流遍全管,并使溶液从滴定管下端流出,以除去管内残留水分。在装入标准溶液时,应直接加入,不得借用任何别的器皿,以免标准溶

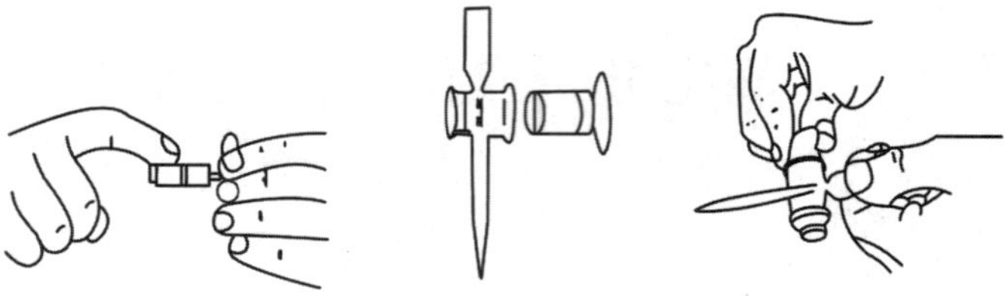

图 2-12　凡士林涂抹方法

液浓度改变或造成污染。装好标准溶液后,注意检查滴定管尖嘴内有无气泡,否则在滴定过程中,气泡逸出将影响溶液体积的准确测量。对于酸式滴定管可迅速转动活塞,使溶液很快冲出,将气泡带走;对于碱式滴定管,可把橡皮管向上弯曲,挤动玻璃珠,使溶液从尖嘴处喷出,即可排除气泡,如图 2-13 所示。排除气泡后,加入标准溶液,使之在“0”刻度之上,再调节液面在 0.00 mL 刻度处,备用。如液面不在 0.00 mL 处,则应记下初读数。

(2)滴定操作(读数)时注意事项。

①滴定管要垂直,操作者要坐正或站正,视线与零线或弯液面(滴定读数时)在同一水平。读数必须读到小数点后第二位,而且要求估计到 0.01 mL。

②为了使弯液面下边缘更清晰,调零和读数时可在液面后衬一纸板。

③深色溶液的弯液面不清晰时,应观察液面的上边缘;在光线较暗处读数时可用白纸板作后衬。使用“蓝带”滴定管时,溶液体积的读数与上述方法不同,在这种滴定管中,液面呈三角交叉点,读取交叉点与刻度相交之点的读数(图 2-14)。

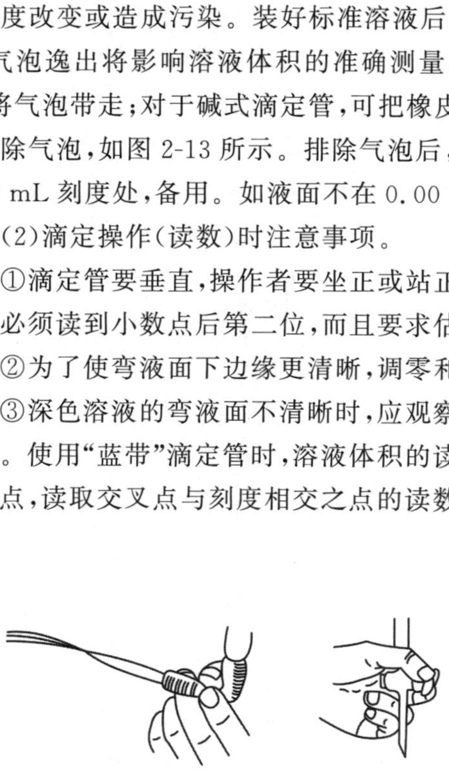

图 2-13　排气泡方法

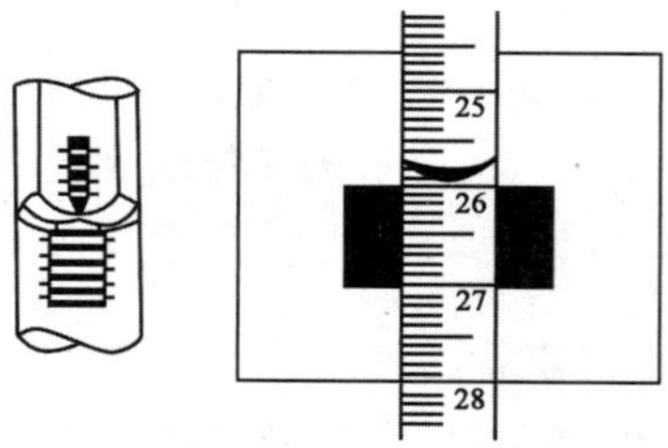

图 2-14　滴定管读数方法

④使用碱式滴定管时,把握好捏胶管的位置。如位置偏上,调定零点后手指一松开,液面就会降至零线以下;位置偏下,手一松开,尖嘴(流液口)内就会吸入空气,这两种情况都直接影响滴定结果。滴定读数时,若发现尖嘴内有气泡必须小心排出。

⑤握塞方式及操作如图 2-15 所示。对于酸式滴定管,用左手控制滴定管的活塞,大拇指在前,食指和中指在后,手指略微弯曲,轻轻向内扣活塞。转动活塞时,要注意勿使手心顶着活塞,以防活塞被顶出,造成漏水。右手握持锥形瓶,边滴边摇动(旋摇、勿振荡),使瓶内溶液混合均匀,反应及时进行完全。摇动时应作同一方向的圆周运动。刚开始滴定,溶液滴出的速度可以稍快些,做到“见滴成线”但也不能使溶液成流水状放出,一般流速为 10 mL/min,即 3～4 滴/s。临近终点时,滴定速度要减慢,应逐滴加入,滴一滴,摇几下。并以洗瓶吹入少量去离子水洗锥形瓶内壁,使附着的溶液全部流下;最后,再半滴、半滴地加入,至准确到达终点为止。

半滴的滴法是将滴定活塞稍稍转动，使有半滴溶液悬于管口，将锥形瓶内壁与管口相接触，使液滴流出，并以少量去离子水冲下。

使用碱式滴定管时，左手拇指在前，食指在后，捏住橡皮管中的玻璃珠所在部位稍上处，向左或向右挤橡皮管，使玻璃珠旁边形成空隙，使溶液从空隙流出，如图 2-15(c)所示。但要注意不能使玻璃珠上下移动，更不能捏挤玻璃珠下方的橡皮管，否则空气进入形成气泡，产生误差。无论哪种滴定管，都要掌握好加液速度(连续滴加、逐滴滴加、半滴滴加)，终点前，用蒸馏水冲洗瓶壁，再继续滴至终点。

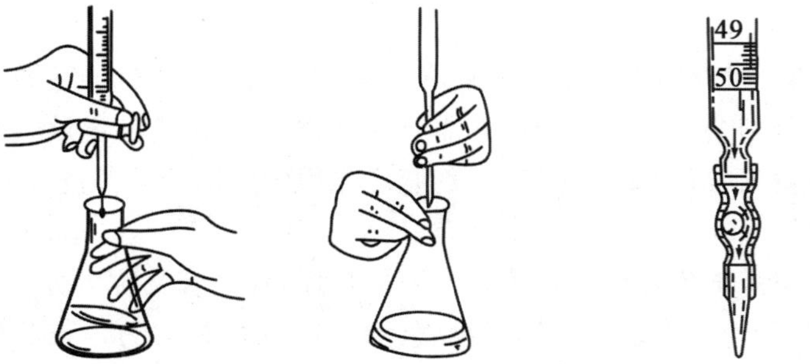

(a) 酸式滴定　(b) 碱式滴定　(c) 操纵碱管

图 2-15　滴定操作

⑥实验完毕后，滴定溶液不宜长时间放在滴定管中，应将管中的溶液倒掉，用水洗净后再装满纯水挂在滴定台上。

2. 容量瓶的使用

容量瓶用于配制准确浓度的溶液，也可用来准确稀释溶液。形状是细颈梨形的平底玻璃瓶，由无色或棕色玻璃制成，一般带有磨口玻塞或塑料塞，以容积(单位 mL)表示，有 5，10，25，50，100，250，500，1 000 等各种规格。

(1)准备。使用前要检查容量瓶瓶塞是否漏水，即在瓶中加水至标线，左手塞紧磨口塞，右手拿住瓶底，将瓶倒立 2 min，观察瓶塞周围是否渗水，然后将瓶直立，将瓶塞转动 180°，再倒立，若不漏水，即可使用。用橡皮筋将塞子系在瓶颈上，因磨口塞与瓶是配套的，搞错后会引起漏水。

容量瓶应洗涤干净，洗涤方法与洗涤滴定管相同。

(2)操作方法。如果是用固体物质配制标准溶液，先将准确称取的固体物质于小烧杯中溶解，冷却后将溶液定量转移到预先洗净的容量瓶中，转移溶液的方法如图 2-16 所示。一手拿着玻棒，并将它伸入瓶中；另一手拿着烧杯，让烧杯嘴贴紧玻棒，慢慢倾斜烧杯，使溶液沿着玻棒流下。倾完溶液后，将烧杯沿玻璃棒轻轻上提，同时将烧杯直立，使附在玻棒和烧杯嘴之间的液滴回到烧杯中。再用洗瓶以少量去离子水冲洗玻棒、烧杯 3～4 次，洗出液全部转入容量瓶中(称为溶液的定量转移)。然后用去离子水稀释至容积 2/3 处时，旋摇容量瓶使溶液混合均匀，但此时切勿倒转容量瓶。最后，继续加水稀释，当接近标线时，应以滴管逐滴加水至弯月面恰与标线相切。盖上瓶塞，以食指压住瓶盖，另一手指尖托住瓶底缘，将瓶倒转并摇动，再倒转过来，使气泡上升到顶；如此反复多次，使溶液充分混合均匀，如图 2-16 所示。

如果把浓溶液定量稀释，则用移液管准确吸取一定体积的浓溶液放入容量瓶中，再以去离

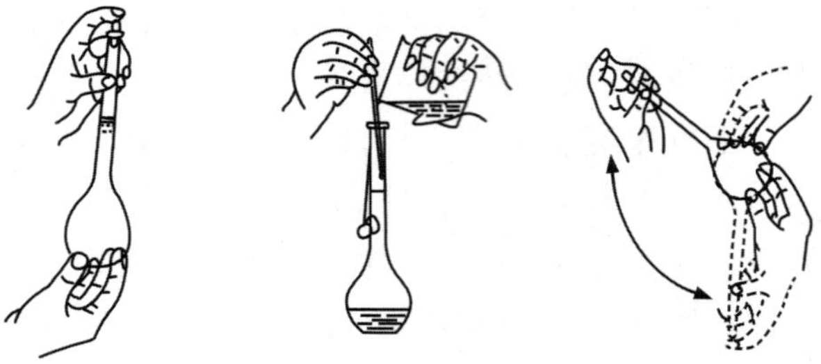

图 2-16 容量瓶的使用方法

子水稀释至标线，摇匀。稀释时放热的溶液应在烧杯中先稀释，冷却至室温，再定量转移至容量瓶，并稀释至标线，否则会造成体积误差。需避光的溶液应以棕色容量瓶配制，不要用容量瓶长期存放溶液，应转移到试剂瓶中保存，试剂瓶应先用配好的溶液荡洗 2～3 次。

3. 移液管和吸量管

移液管和吸量管都是准确移取一定体积溶液的量器，移液管又称无分度吸管，是一根细长而中间膨大的玻璃管，在管的上端有一环形标线，膨大部分标有它的容积和标定时的温度，如图 2-17(a)所示。常用的移液管有 5,10,25,50 mL 等规格。

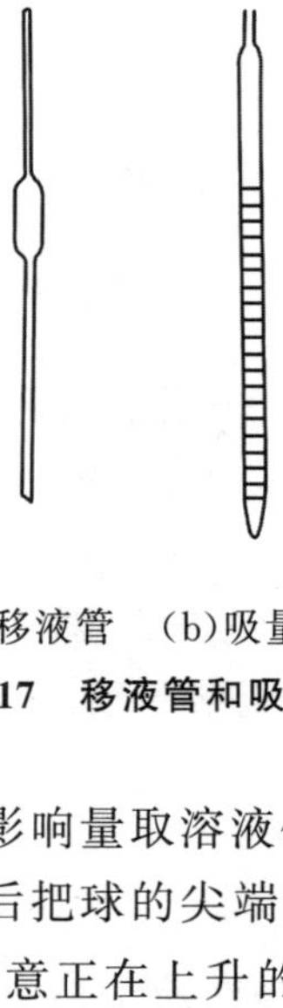

(a)移液管 (b)吸量管

图 2-17 移液管和吸量管

吸量管是有分刻度的吸管，如图 2-17(b)所示，用以吸取所需的不同体积的溶液，常用的吸量管有 1,2,5,10 mL 等规格。

(1)洗涤。移液管和吸量管一般采用橡皮洗耳球吸取铬酸洗液洗涤，也可放在高型玻筒或量筒内用洗液浸泡，取出后沥尽洗液，用自来水冲洗，再用去离子水洗涤干净。放在吸管架上备用。

(2)操作方法。当第一次用洗净的移液管吸取溶液时，应先用滤纸将尖端内外的水吸净，否则会因水滴引入而改变溶液的浓度。然后，用所要移取的溶液将移液管洗涤 3 次，以保证移取的溶液浓度不变。移取溶液时，一般用右手的大拇指和中指拿住颈标线上方，将移液管插入液面下 1 cm 处，太深会使管外黏附溶液过多，影响量取溶液体积的准确性，太浅往往会产生空吸。左手拿洗耳球，先把球内空气压出，然后把球的尖端插在移液管口，慢慢松开左手指使溶液吸入管内，如图 2-18(a)所示。眼睛注意正在上升的液面位置，移液管应随容器中液面下降而降低，当液面升高到刻度以上时移去洗耳球，立即用右手的食指按住管口，将移液管提离液面然后使管尖端靠着盛溶液器皿的内壁，略微放松食指并用拇指和中指轻轻转动移液管，让溶液慢慢流出，使液面平稳下降，直到溶液的弯月面与标线相切时，立刻用食指压紧管口，取出移液管，把准备承接溶液的容器倾斜约 45°，将移液管移入容器中，使管垂直，管尖靠着容器内

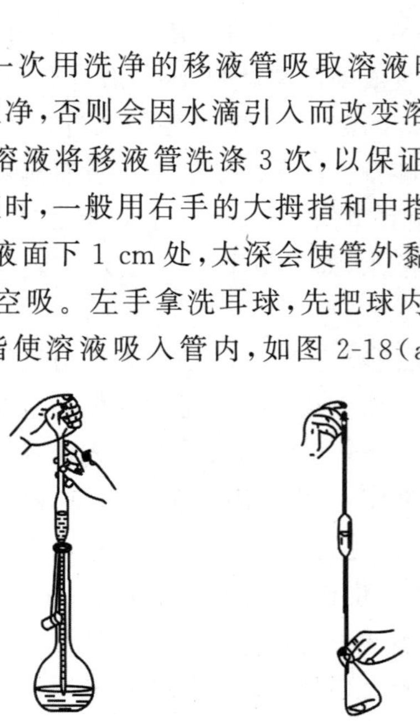

(a)移液管吸取溶液 (b)从移液管中放出溶液

图 2-18 移液管的使用方法

壁，松开食指，如图 2-18(b)所示，让管内溶液自然地全部沿器壁流下，再等待 10～15 s 后，取出移液管。切勿把残留在管尖内的溶液吹出，因为在校正移液管时，已经考虑了末端所保留溶液的体积。

吸量管的操作方法与上述相同，但有一种吸量管，管口上刻有“吹”字的，使用时必须将吸量管内的溶液全部流出，末端的溶液也应吹出，不允许保留。

吸管使用后，应洗净放在吸管架上备用。

(二)分析天平

1. 分析天平的分类及构造原理

根据天平的构造，可分为机械天平和电子天平。

根据天平的使用目的，可分为通用天平和专用天平。

根据天平的分度值大小，可分为常量天平(0.1 mg)、半微量天平(0.01 mg)、微量天平(0.001 mg) 等。

根据天平的精度等级，分为四级：

Ⅰ—特种准确度(精细天平)；

Ⅱ—高准确度(精密天平)；

Ⅲ—中等准确度(商用天平)；

Ⅳ—普通准确度(粗糙天平)。

根据天平的平衡原理，可分为：杠杆式天平、电磁力式天平、弹力式天平和液体静力平衡式天平四大类。

杠杆式天平是根据杠杆原理制成的一种精密衡量仪器，是用已知质量的砝码来衡量被称物的质量。有等臂和不等臂两种。

常用的半机械加码电光天平就是等臂分析天平的一种，它的横梁用三个玛瑙三棱体的锐边(刀口)分别作为支点(刀口朝下)和力点(刀口朝上)，这三个刀口必须完全平行并且位于同一水平面上。常用分析天平的型号和规格见表 2-3。

表 2-3　常用分析天平的型号和规格

种类	型号	名称	规格①
双盘天平	TG328A	全机械加码电光天平	200 g/0.1 mg
	TG328B	半机械加码电光天平	200 g/0.1 mg
	TG332A	半微量天平	20 g/0.01 mg
单盘天平	DT-100	单盘精密天平	100 g/0.1 mg
	BWT-1	单盘半微量天平	20 g/0.01 mg
电子天平	FA1104	上皿电子天平	110 g/0.1 mg
	JP2003	上皿电子天平	500 g/1 mg

①量程/精度。

2. 分析天平的质量和计量性能的检定

分析天平的质量指标主要有灵敏度、不等臂性和示值变动性。

天平安装后或使用一定时间后，都要对其质量或计量性能进行检查和调整。天平的正规检定应按国家计量部门的标准进行。主要检定项目有分度值、示值变动性和不等臂性。天平的灵敏度在文献中也常用感量来表示。感量与灵敏度互为倒数。感量就是分度值。三者之间的关系：

分度值＝感量＝1/灵敏度

(1)分析天平的灵敏度。灵敏度是指天平的一个盘上增加一定质量时，天平指针所偏转的角度，用分度值来表示。一定的质量下，指针偏转角度愈大，天平的灵敏度愈高。

双盘天平(TG328B 型)在左盘上加 10 mg 标准砝码，如果平衡位置在 99～101 分度内，其空载时的分度值误差就在国家规定的允差之内。测定结果若超出这个范围，就应调整其灵敏度(见仪器说明书)。

(2)天平示值变动性误差。天平在空载时所停的点，叫零点；而天平载重时所停的点，叫平衡点。连续多次测定天平空载和全载时标尺的平衡位置，往往会有微小的差别，各次测量值的极差称为天平的示值变动性 Δ_0(空载时)和 ΔP(全载时)，应连续测定 5 次。天平的示值变动性，一般要求允差在 1 个分度以内。

(3)双盘天平的不等臂性。由于双盘天平的支点刀与两个承重刀之间的距离不可能调到绝对相等，往往有微小的差异，由此产生的称量误差叫做不等臂性误差。将一对等量砝码分别放在两个秤盘上，测定天平的平衡位置，即可计算出天平的不等臂性误差。规定的允差为 3 个分度。

3. 双盘半机械加码电光天平的结构(选学)

各种型号的等臂天平，其构造和使用方法大同小异，现以 TG328B 型(图 2-19)为例，介绍这类天平的结构和使用方法。

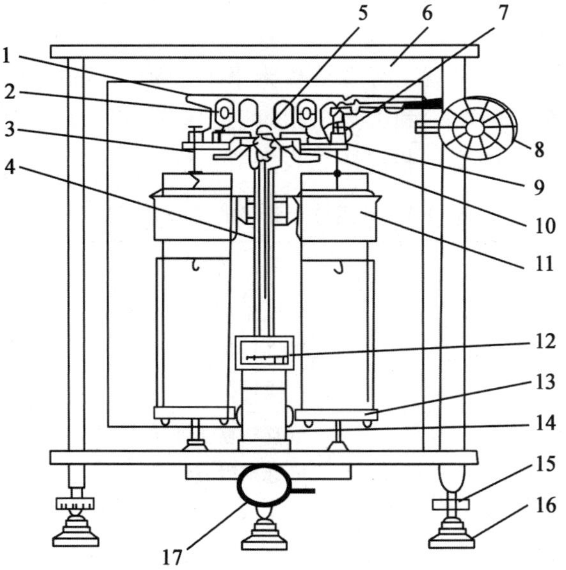

1—横梁；2—平衡砣；3—吊耳；4—指针；5—支点刀；6—框罩；7—圈码；
8—指数盘；9—支力销；10—托翼；11—阻尼内筒；12—投影屏；
13—秤盘；14—盘托；15—螺旋脚；16—垫脚；17—升降旋钮

图 2-19 双盘半机械加码电光天平

(1)结构。

①天平横梁:是天平的主要部件,一般用铝合金制成。三个玛瑙刀等距安装在梁上,梁的两端装有两个平衡砣,用来调节横梁的平衡位置(即粗调零点),梁的中间装有垂直向下的指针,用以指示平衡位置。支点刀的后上方装有重心砣,用以调整天平的灵敏度。

②天平立柱:安装在天平底板上。柱的上方嵌有一块玛瑙平板,与支点刀口相接触。柱的上部装有能升降的托梁架(托翼),关闭天平时它托住横梁,与刀口脱离接触,以减少磨损。柱的中部装有空气阻尼器的外筒。

③悬挂系统:将吊耳、空气阻尼器以及秤盘等悬挂在相应位置。

④读数系统:指针下端装有缩微标尺,光源通过光学系统将缩微标尺上的分度线放大,再反射到光屏上,从屏上可看到标尺的投影,中间为零,左负右正。光屏中央有一条垂直刻线,标尺投影与该线重合处即天平的平衡位置。天平箱下的调屏拉杆可将光屏在小范围内左右移动,用于细调天平的零点。

⑤升降旋钮:位于天平底板正中,它连接托翼、盘托和光源开关。开启天平时,顺时针旋转升降旋钮,托翼即下降,三个刀口与相应的玛瑙平板接触,使吊钩及秤盘自由摆动,同时接通电源,天平进入工作状态。停止称量时,反时针旋转升降旋钮,横梁、吊耳以及秤盘被托住。刀口与玛瑙平板脱离,电源切断,天平进入休息状态。

⑥机械加码装置:转动圈码指数盘,可使右盘增加 10～990 mg 圈形码砝。内层为 10～90 mg 组,外层为 100～900 mg 组。

⑦砝码:每台天平都附有一盒配套使用的砝码,取用砝码时要用镊子,用完及时放回盒内并盖严。

(2)使用方法及注意事项。分析天平是精密仪器,使用时要认真、仔细,按操作规程进行。

①准备:取下防尘罩,叠好放在指定位置。检查天平是否正常;是否水平;秤盘是否洁净;圈码指数盘是否在“000”位;圈码是否脱位等。

②调零点:接通电源,轻轻开启升降旋钮,标尺稳定后,观察屏中央刻线与标尺上的“0”线是否重合,若不重合,拨动调屏拉杆,移动屏幕位置进行调整;若调屏拉杆调整不到零点,需调节横梁上的平衡砣。

③称量:欲称量物先在台秤上粗称,然后放到天平左盘中心,加码至粗称数据的克位。半开天平,观察标尺指针走向。克组调定后,再依次调定毫克组,10 mg 组。最后完全开启天平,准备读数。

要特别注意加减砝码、取放称量物时都必须在天平的关闭状态下进行,操作升降旋钮、打开两侧门、加减砝码以及取放被称物等,要轻、缓,不可用力过猛。

④读数:先读取天平盘中的砝码值,再读取圈码值,最后读取标尺上的数值。

⑤复原:称量完毕,关闭天平,取出被称物,砝码放回盒内,圈码盘退回到“000”位,关闭两侧门,盖上防尘罩。

4. 电子天平(选修内容)

电子天平是新一代的天平,它是利用电子装置完成电磁力补偿的调节,使物体在重力场中实现力的平衡,或通过电磁力矩的调节,使物体在重力场中实现力矩的平衡。电子天平最基本的功能是自动调零、自动校准、自动扣除空白和自动显示称量结果。

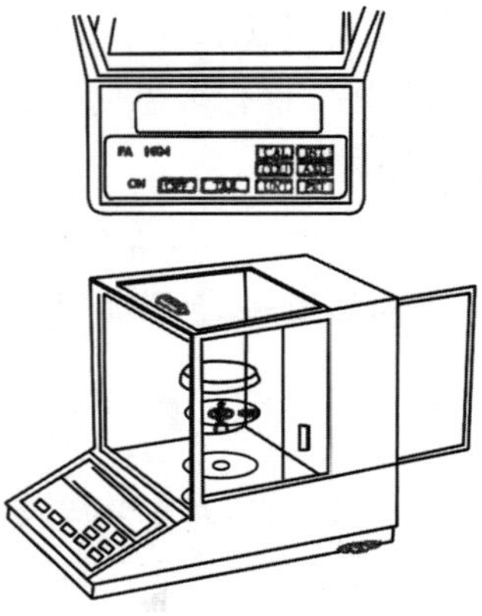

图 2-20　FA1604 型电子天平

(1)基本结构。电子天平的结构设计一直在不断改进和提高,向着功能多、平衡快、体积小、重量轻和操作简便的趋势发展。但就其基本结构和称量原理而言,各种型号的都差不多。图 2-20 是 FA1604 型电子天平。

(2)FA1604 型电子天平的使用方法。一般情况下,只使用开/关键、除皮/调零键和校准/调整键。使用时的操作步骤如下:

①在使用前观察水平仪是否水平,若不水平,需调整水平调节脚。

②接通电源,预热 60 min 后方可开启显示器。

③轻按 ON 键,显示屏全亮,出现±8 888 888% g,约 2 s 后,显示天平的型号,然后是称量模式。

④如果显示不正好是 0.000 0 g,则需按一下 TAR 键。

⑤将容器(或被称量物)轻轻放在秤盘上,关好天平门,待显示数字稳定并出现质量单位“g”后,即可读数,并记录称量结果。若需清零、去皮重,轻按 TAR 键,显示消隐,随即出现全零状态,容器质量显示值已去除,即为去皮重;可继续在容器中加入药品进行称量,显示出的是药品的质量;当拿走称量物后,就出现容器质量的负值。

⑥称量完毕,取下被称物,按一下 OFF 键(如不久还要称量,可不拔掉电源),让天平处于待命状态;再次称量时按一下 ON 键就可使用。最后使用完毕,应拔下电源插头,盖上防尘罩。

5. 分析天平的称量方法

常用的称量方式有加重法和减重法。

(1)加重法(直接称量法)。称一橡皮塞的质量 m_3。

①在台秤上粗称一个洁净干燥的 150 mL 锥形瓶及锥形瓶+橡皮塞质量;

②将已粗称质量的锥形瓶放在天平上准确称其质量 m_1;

③将已粗称质量的锥形瓶+橡皮塞放在天平上准确称其质量 m_2。

$$\text{橡皮塞的质量 } m_3 = m_2 - m_1$$

(2)减重法(又称差减法)。如称出 0.4～0.6 g 的 NaCl。

①取洁净干燥的称量瓶,内装约 2 g NaCl,按上述方法先在分析天平上称其准确质量 m_1;

②从称量瓶中小心倾出 0.4～0.6 g NaCl 于一洁净干燥的小烧杯中(图 5-21 和图 5-22),然后再称出称量瓶与剩余的 NaCl 的质量 m_2,计算称出的 NaCl 质量 m(如果小于 0.4 g 可再倾一次,再称量,直至倾出的 NaCl 质量在 0.4～0.6 g 范围内为止);

$$m = m_1 - m_2$$

③如果是采用电子天平称量,则只要准确称出称量瓶与 NaCl 的总质量,按去除皮/调零键去皮后,再按步骤进行,倾出的 NaCl 质量直接以负值显示在电子天平的屏幕上。要求 2～3 次倾出 0.4～0.6 g,电子天平屏幕上显示的绝对值即是倾到小烧杯中的 NaCl 质量 m。

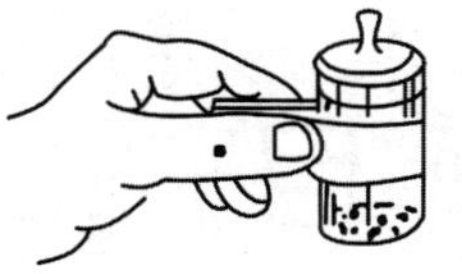

图 2-21　称量瓶拿法

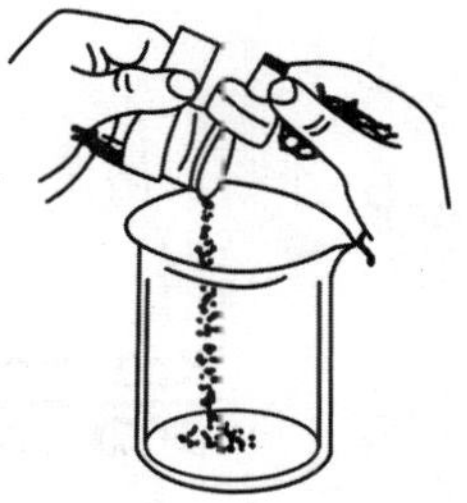

图 2-22　从瓶中倾出样品

第三篇 实验项目

第一部分 基本操作

实验一 基本操作训练

【预习】

按实验目的要求预习第一篇绪论和第二篇基础知识及基本操作中相关内容。

【实验目的】

1.了解常用仪器的使用、洗涤：

2.练习称量和滴定分析操作；

3.熟悉实验室规则；

4.熟悉实验室环境；

5.了解实验室三废处理，树立绿色化学意识。

【仪器与材料】

酸式滴定管，碱式滴定管，移液管，容量瓶，锥形瓶，电子天平，抽滤瓶，布氏漏斗，分液漏斗，酒精灯，试管夹，试管，细口瓶，滴瓶。

【实验内容】

1.在教师演示后进行移液操作、滴定操作。

2.在教师演示后使用电子天平进行称量操作。

3.洗涤实验台上的玻璃仪器。

4.练习其他基本操作。

(1)酒精灯的使用、加热操作。

(2)滴瓶和试管使用。

(3)熟悉细口瓶和广口瓶的使用。

(4)了解抽滤操作。

5.学习实验课学生守则和安全规范。

6.熟悉实验室内部环境和周边环境，特别要注意安全通道的走向、灭火器和灭火沙桶的位置。

实验二　中和热的测定

【实验目的】

1. 了解测定反应热效应的一般原理和方法：
2. 学习温度计、秒表的使用。

【实验原理】

化学反应总是伴随着能量的变化，这种能量的变化通常表现为热效应。

酸碱中和反应要放出热量，在一定温度、压力、浓度下，1 mol $H^+(aq)$和 1 mol $OH^-(aq)$起反应生成 1 mol $H_2O(l)$所放出的热量叫中和热。

$$H^+(aq)+OH^-(aq)=H_2O(l)$$

ΔH：中和热，测量中和热的实验方法很多，本实验采用普通的保温杯和精密温度计作为简易量热计来测量。使用量热计测定反应热效应，首先要知道量热计的热容，因为在量热计中进行化学反应所产生的热量，除了使反应溶液的温度升高，同时也使量热计的温度升高。因此反应产生总的热量 Q 可表示为

$$Q=(C_p+C_p')\times\Delta T$$

式中，C_p 为量热计热容，C_p'为溶液热容，ΔT 为反应前后温度的变化。

量热计热容的测定：在量热计中先注入一定量 m(g)的冷水（量热器与冷水的平衡温度为 T_1），再注入相同量的热水（温度为 T_2），混合后，水温为 T_3，已知水的比热容为 c 则：

$$热水失热=mc(T_2-T_3)$$
$$冷水得热=mc(T_3-T_1)$$
$$量热计得热=mc(T_2-T_3)-mc(T_3-T_1)$$

所以量热计的热容 C_p 为：

$$C_p=\frac{mc(T_2-T_3)-mc(T_3-T_1)}{T_3-T_1}=\frac{mc(T_2+T_1-2T_3)}{T_3-T_1}$$

在本实验中，能否测得准确的温度值是实验成败的关键。为了获得较准确的温度变化 ΔT，除了精确观察反应始末态的温度外，还要利用外推法对影响 ΔT 的因素进行校正，其方法是在反应过程中每间隔一段时间记录一次温度，对时间作图。

绘制温度—时间曲线（图 3-1）。将曲线上的 BA 线段延长，外推线段与纵轴相交于 C 点，则 C 点表示由外推法得到的温度上升的最高值。如有 O 点是反应前温度，则 OC 所示的温度差即为较准确的 ΔT。

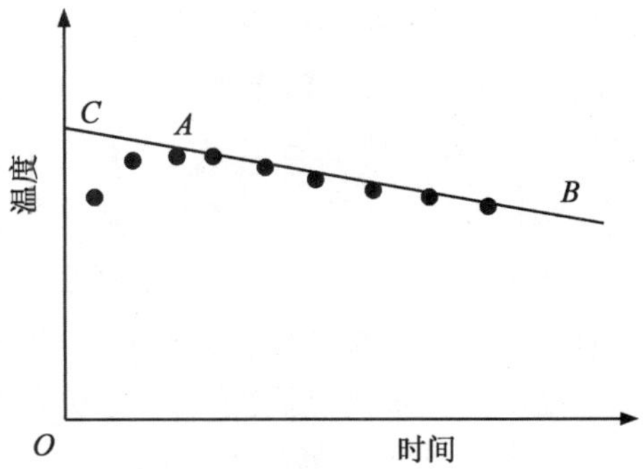

图 3-1　温度—时间曲线

【仪器和药品】

仪器:保温杯,量筒,精密温度计(0～50℃),烧杯,秒表,酒精灯。

药品:1.0 mol/L NaOH　1.0 mol/L HCl。

材料:滤纸片。

【实验步骤】

测量前将要使用的两支温度计进行校正。

将两支温度计插入盛水的烧杯中,几分钟后观察温度(本实验温度要求精确到0.1℃)记下两支温度计读数的差值。在以下的实验中均要考虑这个差值,以避免因温度计之间的差值而引起实验的误差。

1.测定量热计热容 C_p

(1)按图3-2装配保温杯式简易量热计。保温杯盖可用泡沫塑料式大橡皮塞代替。在温度计和搅拌棒上套一小橡皮圈,使温度计和搅拌棒不接触杯底。

(2)用量筒取50.0 mL自来水放入干燥的量热计中,盖好塞子缓缓搅拌,几分钟后观察温度,若连续3 min温度无变化,可以认为已处于热平衡状态,记下此时温度 T_1。

量取50.0 mL自来水注入100 mL烧杯中加热,当加热到比冷水温度 T_1 高20℃时停止加热,静置0.5 min,观测此热水温度,当读出准确温度 T_2 后,迅速将热水倒入量热计中,盖好塞子并搅动。在倒热水的同时按动秒表,每15 s记录一次温度,当温度升到最高点后,每30 s记录一次,温度达最高点后连续观测3 min(表3-1)。

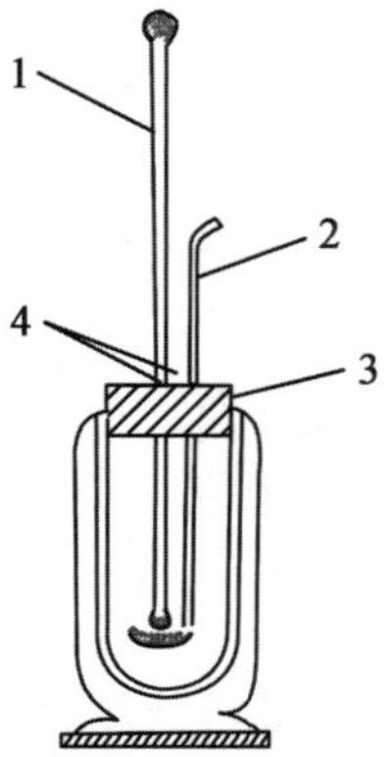

1—温度计;2—搅拌棒;
3—塑料盖;4—橡皮圈

图3-2　保温杯式简易量热计

表3-1　量热计热容测定实验温度随时间变化记录表

时间	
温度	

用温度对时间作图求 T_3。

2.测定NaOH-HCl的中和热

倒出量热计中水后,用吸水纸擦干量热计。取50 mL 1.0 mol/L HCl注入量热计中,盖好塞子缓缓搅动,使其达到热平衡,达到热平衡后记录温度 T_4。再量取50 mL 1.0 mol/L NaOH溶液,注入100 mL烧杯中观测温度,要求与酸的温度相等(可用手握住烧杯使其温热或用自来水冷却烧杯,使之相等),然后迅速而小心地将碱液一次倒入量热计中,立即盖好杯盖并不断搅拌。在倒碱液的同时按动秒表,记录时间和温度。注意记下最高温度点的时间和温度。当温度升到最高点后隔30 s记录数据一次,并连续观测3 min(表3-2)。

用温度对时间作图求 T_5。

3.数据记录和处理

(1)量热计热容 C_p 计算(表3-3)。

表 3-2　中和热测定实验温度随时间变化记录表

时间	
温度	

表 3-3　量热计热容计算数据记录与处理表

冷水温度 T_1	℃
热水温度 T_2	℃
冷热水混合温度 T_3	℃
冷(热)水的质量 m	50 g
水的比热容 c	J/(g・℃)
量热计热容 C_p	J/℃

(2)中和热的计算(1.0 mol/L HCl 和 1.0 mol/L NaOH 溶液的密度和比热可近似用水的密度和比热计算)(表 3-4)。

表 3-4　中和热计算数据记录与处理表

反应前温度 T_4	℃
反应后温度 T_5	℃
ΔT	℃
溶液的体积 V	mL
溶液的密度 d	g/mL
溶液的比热容 c	4.18 J/(g・℃)
溶液的热容 C_p	J/℃
反应放出的总热量 Q	kJ
生成水的摩尔数 n	mol
中和热 ΔH	kJ/mol
百分误差	

文献值：$\Delta H_{中和} = -57.03$ kJ/mol。

【思考题】

1. 体会实验，理解下列概念

体系　环境　比热　热容　反应热　生成热　中和热

2. 如果 1 mol HCl 和 1 mol H_2SO_4 被强碱完全中和发出的热量是否完全一样？

3. 试分析本实验结果产生误差的原因。

实验三　化学反应速率和活化能

【实验目的】

1. 了解浓度、温度和催化剂对反应速率的影响。

2. 测定过二硫酸铵与碘化钾反应的反应速率，并计算反应级数、反应速率常数和反应的活化能。

【实验原理】

在水溶液中过二硫酸铵和碘化钾发生如下反应：

$$(NH_4)_2S_2O_8 + 3KI = (NH_4)_2SO_4 + K_2SO_4 + KI_3$$

$$S_2O_8^{2-} + 3I^- = 2SO_4^{2-} + I_3^- \quad (1)$$

其反应速率 v 根据速率方程可表示为：

$$v = k[S_2O_8^{2-}]^m[I^-]^n$$

式中，v 是在此条件下反应的瞬时速率。若 $[S_2O_8^{2-}]$、$[I^-]$ 是起始浓度，则 v 表示起始速率。k 是速率常数，m 与 n 之和是反应级数。

实验能测定的速率是在一段时间（Δt）内反应的平均速率 v。如果在 Δt 时间内 $S_2O_8^{2-}$ 浓度的改变为 $\Delta[S_2O_8^{2-}]$，则平均速率 $v = \dfrac{-\Delta[S_2O_8^{2-}]}{\Delta t}$

近似地用平均速率代替起始速率，则 $v = \dfrac{-\Delta[S_2O_8^{2-}]}{\Delta t} = k[S_2O_8^{2-}]^m[I^-]^n$

为了能够测出反应在 Δt 时间内 $S_2O_8^{2-}$ 浓度的改变值，需要在混合 $(NH_4)_2S_2O_8$ 和 KI 溶液的同时，注入一定体积已知浓度的 $Na_2S_2O_3$ 溶液和淀粉溶液，这样在反应(1)进行的同时还进行下面的反应：

$$2S_2O_3^{-3} + I_3^- = S_4O_6^{2-} + 3I^- \quad (2)$$

这个反应进行得非常快，几乎瞬间完成，而反应(1)比反应(2)慢得多。因此，由反应(1)生成的 I_3^- 立即与 $S_2O_3^{2-}$ 反应，生成无色的 $S_4O_6^{2-}$ 和 I^-。所以在反应的开始阶段看不到碘与淀粉反应而显示的特有蓝色。但是一旦 $Na_2S_2O_3$ 耗尽，反应(1)继续生成的 I_3^- 与淀粉反应而呈现出特有的蓝色。

由于从反应开始到蓝色出现标志着 $S_2O_3^{2-}$ 全部耗尽，所以从反应开始到出现蓝色这段时间 Δt 里，$S_2O_3^{2-}$ 浓度的改变 $\Delta[S_2O_3^{2-}]$ 实际上就是 $Na_2S_2O_3$ 的起始浓度。

再从反应式(1)和式(2)可以看出，$S_2O_8^{2-}$ 减少的量为 $S_2O_3^{2-}$ 减少量的一半，所以 $S_2O_8^{2-}$ 在 Δt 时间内减少的量可以从下式求得。

$$\Delta[S_2O_8^{2-}] = \frac{[S_2O_3^{2-}]}{2}$$

【实验用品】

仪器：烧杯、大试管、量筒、秒表、温度计。

液体药品：$(NH_4)_2S_2O_8$（0.20 mol/L）、KI（0.20 mol/L）、$Na_2S_2O_3$（0.01 mol/L）、KNO_3（0.20 mol/L）、$(NH_4)_2SO_4$（0.20 mol/L）、$CuSO_4$（0.02 mol/L）、淀粉溶液（0.2%）。

材料：冰。

【实验步骤】

1.浓度对化学反应速率的影响

在室温条件下进行表3-5中编号Ⅰ的实验。用量筒分别量取10.0 mL 0.20 mol/L碘化钾溶液、4.0 mL 0.010 mol/L硫代硫酸钠溶液和2.0 mL 0.2%淀粉溶液，全部注入烧杯中，混合均匀。然后用另一量筒取10.0 mL 0.20 mol/L过二硫酸铵溶液，在不断搅拌下，迅速倒入上述混合液中，同时开动秒表，并不断搅动，仔细观察。当溶液刚出现蓝色时，立即按停秒表，记录反应时间和室温。

用同样方法按照表3-5的用量进行编号Ⅱ、Ⅲ、Ⅳ、Ⅴ的实验。

表3-5　浓度对化学反应速率的影响　　室温：℃

实验编号		Ⅰ	Ⅱ	Ⅲ	Ⅳ	Ⅴ
试剂用量/mL	0.20 mol/L KI	10	10	10	5	2.5
	0.01 mol/L $Na_2S_2O_3$	4	4	4	4	4
	0.2%淀粉溶液	2	2	2	2	2
	0.20 mol/L KNO_3	0	0	0	5	7.5
	0.20 mol/L $(NH_4)_2SO_4$	0	5	7.5	0	0
	0.20 mol/L $(NH_4)_2S_2O_8$	10	5	2.5	10	10
混合液中反应物的起始浓度/(mol/L)	$(NH_4)_2S_2O_8$					
	KI					
	$Na_2S_2O_3$					
反应时间 Δt/s						
$S_2O_8^{2-}$ 的浓度变化 $\Delta[S_2O_8^{2-}]$/(mol/L)						
反应速度 v						

2.温度对化学反应速率的影响

按表3-5实验Ⅳ中的药品用量将装有碘化钾、硫代硫酸钠、硝酸钾和淀粉混合溶液的烧杯和装有过二硫酸铵溶液的小烧杯，放入冰水浴中冷却，待它们温度冷却到低于室温10℃时，将过二硫酸铵溶液迅速加到碘化钾等混合溶液中，同时计时并不断搅动当溶液刚出现蓝色时，记录反应时间。

同样方法在热水浴中进行高于室温10℃的实验。

将此实验Ⅳ的数据记入表3-6中进行比较。

表 3-6 温度对化学反应速率的影响

实验温度	Ⅵ	Ⅶ	Ⅳ
反应温度/℃			
反应时间 Δt/s			
反应速度 v			

3. 催化剂对化学反应速率的影响

按表 3-5 实验Ⅳ的用量，把碘化钾、硫代硫酸钠、硝酸钾和淀粉溶液加到 150 mL 烧杯中，再加入 2 滴 0.02 mol/L 硫酸铜溶液，搅匀，然后迅速加入过二硫酸铵溶液，搅动、计时。将此实验的反应速率与表 3-5 中实验Ⅳ的反应速率进行比较可得到什么结论。

【数据处理】

1. 反应级数和反应速率常数的计算

将反应速率表示式 $v=k[S_2O_8^{2-}]^m[I^-]^n$ 两边取对数，

$$\lg v = m\lg[S_2O_8^{2-}] + n\lg[I^-] + \lg k$$

当$[I^-]$不变时（即实验Ⅰ、Ⅱ、Ⅲ）以 $\lg v$ 对 $\lg[S_2O_8^{2-}]$作图，可得一直线，斜率即为 m。同理，当$[S_2O_8^{2-}]$不变时（即实验Ⅰ、Ⅳ、Ⅴ），以 $\lg v$ 对 $\lg[I^-]$作图，可求得 n，此反应的级数则为 $m+n$。

将求得的 m 和 n 代入 $v=k[S_2O_8^{2-}]^m[I^-]^n$ 即可求得反应速率常数 k。将数据填入表 3-7。

表 3-7 反应级数和反应速率常数的确定

实验编号	Ⅰ	Ⅱ	Ⅲ	Ⅳ	Ⅴ
$\lg v$					
$\lg[S_2O_8^{2-}]$					
$\lg[I^-]$					
m					
n					
反应速率常数 k					

2. 反应活化能的计算

反应速率常数 k 与反应温度 T 一般有以下关系：

$$\lg k = A - \frac{E_a}{2.30RT}$$

式中，E_a 为反应的活化能，R 为气体常数，T 为热力学温度。测出不同温度时的 k 值，以 $\lg k$ 对 $1/T$ 作图，可得一直线，由直线斜率（等于$-\frac{E_a}{2.30R}$）可求得反应的活化能 E_a 将数据填入表 3-8。

表 3-8 反应活化能的确定

实验编号			
反应速率常数 k			
$\lg k$			
$1/T$			
反应活化能 E_a			

本实验活化能测定值的误差不超过 10%(文献值:51.8 kJ/L)。

【思考题】

1. 若不用 $S_2O_8^{2-}$,而用 I^- 或 I_3^- 的浓度变化来表示反应速度,则反应速度常数 k 是否一样?

2. 化学反应的反应级数是怎样确定的?用本实验的结果加以说明。

3. 用阿累尼乌斯公式计算反应的活化能。并与作图法得到的值进行比较。

【附注】

本实验对试剂有一定的要求。碘化钾溶液应为无色透明溶液,不宜使用有碘析出的浅黄色溶液。过二硫酸铵要新配制的,因为时间长了过二硫酸铵易分解。如所配制过二硫酸铵溶液的 pH 小于 3,过二硫酸铵试剂已有分解,不适合本实验使用。所用试剂中如混有少量 Cu^{2+}、Fe^{3+} 等杂质,对反应会有催化作用,必要时需滴入几滴 0.10 mol/L EDTA 溶液。

实验四　硫酸钙溶度积常数的测定——离子交换法

【目的要求】

1. 了解使用离子交换树脂的一般方法。
2. 学习离子交换法测定硫酸钙的溶解度和溶度积的原理。
3. 熟悉酸碱滴定操作，继续练习 pH 计、容量瓶及移液管的使用方法。

【实验原理】

溶液中的 Ca^{2+} 可与氢型阳离子交换树脂发生下述交换反应。

$$2R—SO_3H + Ca^{2+} \rightleftharpoons (R—SO_3)_2Ca + 2H^+ \tag{1}$$

$CaSO_4$ 是难溶盐，在其水溶液中，Ca^{2+} 和 SO_4^{2-} 与未溶解的 $CaSO_4$ 固体之间，在一定温度下可达到动态平衡，已溶解的 Ca^{2+} 和 SO_4^{2-} 浓度（更确切地说应是活度）的乘积是一个常数。

$$CaSO_4(s) \rightleftharpoons Ca^{2+} + SO_4^{2-} \tag{2}$$

$$K_{sp} = [Ca^{2+}][SO_4^{2-}]$$

当一定量的 $CaSO_4$ 饱和溶液流经树脂时，由于 Ca^{2+} 全部被交换为 H^+，用已知浓度的 NaOH 溶液滴定交换出的 H^+，根据消耗的 NaOH 溶液的体积（或用 pH 计测出的 pH），可计算出被交换的 H^+ 离子的浓度，由式(1)、式(2)可知 $[Ca^{2+}] = [SO_4^{2-}] = 1/2[H^+]$，所以 $CaSO_4$ 的溶度积常数由下式可以求得：

$$K_{sp} = [Ca^{2+}][SO_4^{2-}] = 1/4[H^+]^2$$

【仪器试剂】

离子交换柱[ϕ(2.0～2.5) cm×50 cm]，玻璃棉，乳胶管，螺旋夹，容量瓶(100 mL)，滴定管夹，锥形瓶(250 mL)，温度计(0～50℃)，烧杯，移液管(20 mL)，漏斗，pH 试纸，溴百里酚蓝指示剂(1%)，$CaSO_4$ 饱和溶液，强酸型阳离子交换树脂，NaOH 标准溶液(0.009 3 mol/mL)，HCl(2.0 mol/mL)。

【实验步骤】

1. 树脂装柱（如时间紧可由教师提前装好）

将离子交换柱（图 3-3）洗净，底部填以少量玻璃丝，把离子交换柱固定在滴定管架上，用小烧杯装入少量的已经转型或再生为氢型的阳离子交换树脂，再加入少量的蒸馏水。方法是：通过玻璃棒连水带树脂转移到交换柱中。在转移树脂的过程中，如水太多，可以打开螺旋夹或活塞，让水慢慢流出。当液面降至略高于交换柱内树脂时，夹紧螺旋夹。在整个操作过程（包括后面的操作）中都应使树脂完全浸没在水中，否则气泡会进入树脂床，影响交换效果。如不慎混入气泡，可以加少量蒸馏水使液面高出树脂面，然后用塑料搅拌棒搅拌树脂，直至所有气泡完全逸出。装好树脂后，应检查流出

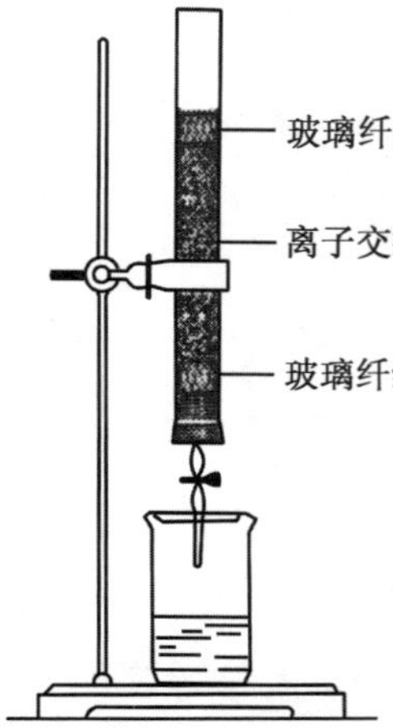

图 3-3　简易离子交换柱

液的 pH 是否在 6～7 之间。否则，用蒸馏水冲洗树脂直到符合要求。

2. 树脂再生

装好树脂后，将 30 mLHCl(2.0～6.0 mol/L)分三次加入离子交换柱中进行交换，同时调节交换柱下方的活塞(或螺旋夹)控制流出液的速度为每分钟 20～25 滴，当液面降至略高于交换柱内树脂时，夹紧螺旋夹，浸泡 3 min(树脂再生产生的废酸液要单独回收)。

(在浸泡过程中可进行配制 $CaSO_4$ 饱和溶液和干过滤操作)

浸泡后应洗涤，每次取 15 mL 蒸馏水加到离子交换柱中，打开螺旋夹或活塞，让水慢慢流出；洗涤 3～4 次后，用 pH 试纸检查流出液的 pH 是否在 5～6 之间。否则，用蒸馏水淋洗树脂直到符合要求。

3. 配制 $CaSO_4$ 饱和溶液和干过滤

取 $CaSO_4$ 固体 0.5 g 加入 50 mL 蒸馏水配成 $CaSO_4$ 饱和溶液(测定并记录 $CaSO_4$ 溶液的温度)，对新配的 $CaSO_4$ 饱和溶液进行"干过滤"(参见本实验附注)，滤液备用。

4. 交换和洗涤

取 20.00 mL 干过滤所得滤液于小烧杯中，分 2～3 次加到离子交换柱中进行交换，调节交换柱下方的活塞(或螺旋夹)控制流出液的速度为每分钟 20～25 滴，同时用 100 mL 容量瓶承接(开始 3～5 mL 可不要)。当液面下降到略高于树脂时，取 30 mL 蒸馏水分 4～5 次淌洗小烧杯内壁。每次洗涤液都转移到离子交换柱中，并冲洗交换柱内壁。当树脂上部只有 2～3 m 厚时再加蒸馏水于树脂上部。当流出液接近 100 mL 时，用 pH 试纸测试流出液的 pH(应在 5～6 之间)。关闭活塞，移走容量瓶。注意：每次往交换柱中加液体(包括加水)前，交换柱中液面应略高于树脂(2～3 mm)，这样既不会带进气泡，又尽可能减少溶液与水的混合，可提高交换和洗涤的效果。

5. 氢离子浓度的测定

(1)pH 法(选做)　用滴管将蒸馏水加至盛有流出液的 100 mL 容量瓶中至刻度。充分摇匀后倒入干燥洁净的小烧杯中，用 pH 计测定溶液的 pH，计算出 100 mL 溶液中 H^+ 的浓度 $c_{100}(H^+)$，并换算成 20 mL 中的 H^+ 浓度 $c_{20}(H^+)$。

(2)酸碱滴定法　将 100 mL 容量瓶中的流出液倒入洗净的 250 mL 锥形瓶中，用少量水冲洗容量瓶 3 次，洗涤水并入锥形瓶中，再加 2 滴溴百里酚蓝指示剂，用标准 NaOH (0.009 3 mol/L)溶液滴定。当由于滴入半滴或 1 滴标准 NaOH 溶液，锥形瓶中溶液由黄色突变为鲜明的蓝色时即为滴定终点。准确读取消耗的 NaOH 溶液体积数并记录。

6. 实验结束后，在离子交换柱中加入盐酸浸泡使树脂再生。

【数据处理】

1. 酸碱滴定法

$CaSO_4$ 饱和溶液的温度/℃：

所取通过交换柱的饱和溶液体积 $V(H^+)$/mL：20

标准 NaOH 溶液浓度 c_{NaOH}(mol/L)：

消耗的 NaOH 溶液体积数 V_{NaOH}(L)：

换算成 20 mL 中 H^+ 浓度 $c_{20}(H^+)$(mol/L)：

$$c_{20}(H^+)=\frac{c_{NaOH}\cdot v_{NaOH}}{v(H^+)}$$

$CaSO_4$ 的溶度积 K_{sp}(列出计算式):

对照溶度积的文献值(参见附录二),讨论测定结果产生误差的原因。

2. 自己设计出 pH 法的数据记录及结果处理的格式,并进行数据处理,得出最终结果,讨论产生误差的原因

【思考题】

1. 预习思考题

(1)为什么要将洗涤液合并到容量瓶中?

(2)交换过程中为什么要控制液体的流速不宜太快?

(3)为什么 $CaSO_4$ 饱和溶液要在“干过滤”以后才能用?

(4)如何根据实验结果计算 $CaSO_4$ 溶解度和溶度积?

(5)以下情况对实验结果有何影响?

a. 滴定过程中,往锥形瓶中加入少量蒸馏水;

b. 转移 $CaSO_4$ 饱和溶液至离子交换柱的过程中溶液损失;

c. 流出的冲洗液未接近中性就停止冲洗或流出的冲洗液损失并进行滴定。

2. 实验后的总结思考题

(1)本实验所需的树脂进行转型时,用 HCl 还是 H_2SO_4?

(2)该法能否用于测定 $BaSO_4$ 的 K_{sp}? 为什么?

【附注一】

由教师示范常压干过滤操作。

所谓的“干过滤”,就是指在过滤过程中所用的漏斗、玻璃棒及承接容器必须是干燥的,时间紧的情况下,可以用干净滤纸或脱脂棉擦干这些玻璃仪器。过滤时滤纸只能用待过滤的溶液润湿其内侧,这样被过滤的溶液浓度不变(溶剂挥发的因素除外)。

【附注二】

(1)离子交换树脂是一种具有网状结构的不溶性高分子聚合物,具有酸性交换基团(如—SO_3H 基、—COOH 基)能和阳离子进行交换的叫阳离子交换树脂;具有碱性交换基团(如—NH_3Cl)能和阴离子进行交换的叫阴离子交换树脂。一般为白、黄褐或黑色的半透明的球形固体物质。

离子交换树脂由两部分组成:一部分为网状结构的高分子聚合物,另一部分是结合在高分子聚合物中的活性基团。活性基团既与高分子聚合物一起组成带电荷的树脂骨架(称固定离子),又与固定离子电荷相反的交换离子相结合。如聚苯乙烯型磺酸性阳离子交换树脂(简写为 R—SO_3H),它的活性基团为—SO_3H,能电离出 H^+(交换离子),可与其他阳离子进行交换。若树脂的活性基团为季铵基或胺基,就成了阴离子交换树脂,它在水中电离出的 OH^- 可与其他阴离子进行交换。在交换过程中,高分子的骨架结构不发生实质性的变化。

离子交换树脂按活性基团及其强度可分类如表 3-9 所示。

表 3-9　离子交换树脂活性基团分类

树脂	活性基团名称	交换离子	分类	国产牌号举例
R—SO_3H	—SO_3H 磺酸基	H^+	强酸性阳离子交换树脂	732 或 001×7
—$N(CH_3)_3OH$	—$N(CH_3)_3OH$ 季铵基	OH^-	强碱性阴离子交换树脂	717 或 201×7
R—COOH	—COOH 羧酸基	H^+	弱酸性阳离子交换树脂	724 或 101×4
R—NH_3 · OH	—NH_3 · OH	OH^-	弱碱性阴离子交换树脂	704 或 303×2

(2)离子交换树脂交换能力的大小,常用交换容量来表示,交换容量是指每千克干树脂所能交换的离子的物质的量(mol/kg)。一般强酸性阳离子交换树脂交换容量在 4.5 mol/kg 左右,阴离子交换树脂在 3 mol/kg 左右。由于树脂交换容量有限,故树脂使用一段时间后常再用酸或碱分别将阳或阴离子树脂浸泡一段时间,使阳或阴离子被置换下来,重新变成氢型或氢氧型,并再用去离子浸洗,这一过程称为树脂的再生。

市售的阳离子交换树脂大部分为钠型,而阴离子交换树脂大部分为氯型,在使用前应将它们用酸或碱浸泡一段时间—转型(变成氢型或氢氧型)。

本实验用的阳离子交换树脂再生时应该用 HCl,不能用 H_2SO_4,以免生成难溶的 $CaSO_4$ 而堵塞树脂孔隙,再生用的酸液不能太稀或太少,否则树脂不能完全转为氢型,影响实验结果。

(3)若用滴定法确定承接的浓度 $c(H^+)$ 或 H^+ 的物质的量,可换用其他容器(如锥形瓶),但应注意 100 mL 溶液的液面在容器中的大约位置,以利于确定交换操作可否结束(用 pH 试纸确定)。

实验五　熔点的测定

【实验目的】

1. 掌握毛细管法测定熔点的方法及原理；

2. 了解显微法测定熔点的原理及方法；

3. 了解测定混合物熔点的意义。

【实验原理】

鉴定固体有机物纯度的一种简单方法是测定其熔点。

所谓物质的熔点是该物质在其固态与熔融态相互平衡时的温度。由于有机物分子间的排列，决定于微弱的范德华(Vanderwawls)力，所以它们的熔点较低，一般在300℃以下，对于一个纯粹的物质在一定的压力下，固液两相之间的变化是非常敏锐的，初融到全融的范围，一般不超过0.5～1℃，并且纯的固体化合物都有固定的熔点。测定熔点对于鉴定纯粹的有机物具有重要的意义。同时通过熔点的测定，又可大致估计该化合物的纯度，如有杂质存在时，其熔点往往下降，熔点范围增大，如果一个未知物具有与某一已知物相同的熔点时，为了证明它们是否为同一物质，我们可以通过测定二者混合物的熔点的方法来确定，一般选1∶9、1∶1、9∶1三种混合比例进行测定，然后分别测定这三种混合物的熔点，如熔点不变，则可确定二者为同一物质，如熔点改变，表现为熔点降低，熔点范围大，可以作出二者并非同一物质的结论。

【仪器和药品】

仪器：提氏(Thide)熔点管，显微熔点仪，温度计(200℃)，表面皿，玻璃管(50 cm)，毛细管，酒精灯，橡皮圈，铁架台，缺口橡皮塞。

药品：苯甲酸(AR)、尿素(AR)、肉桂酸(AR)、硅油。

【实验步骤】

1. 毛细管法测熔点

(1)样品的填装：放少许研细的待测样品于干燥的表面皿上，并堆成小堆，将毛细管(外径1～1.5 mm，长约6 cm)一端融封，开口端向下插入样品堆中，然后把毛细管开口端向上，轻轻敲击桌面，使粉末样品落入管底，或将装有样品的毛细管反复通过一根长约50 cm，直立于台面的玻璃管，自由落下，直到毛细管中样品高度为2～3 mm为止。

(2)仪器装置：如图3-4所示，装好后，用小火在熔点管的侧管加热，使温度上升每分钟不超过2～3℃，此时要特别注意观察温度的上升情况和毛细管中样品有无变化，当毛细管中样品开始塌落和有湿润现象，表示样品开始熔化，谓之“始熔”，记下温度继续微热直至样品的微量固体恰好完全消失成透明液体时，谓之“全熔”，记下温度，此即为样品熔点。

2. 显微法测定熔点(选做)

在干净且干燥的载玻片上放微量晶粒并盖一片载玻片，放在加热台上，调节反光镜、物镜和目镜，使显微镜焦点对准样品，开启加热器，先快速后慢速加热，温度快升至熔点时，控制温度上升的速度为每分钟1～2℃，当样品结晶棱角开始变圆时，表示熔化已开始，结晶形状完全消失表示熔化已完成。可以看到样品变化的全过程，如结晶的失水、多晶的变化及分解。测毕停止加热，稍冷，用镊子拿走载玻片，将铝板(散热板)盖放在加热台上，可快速冷却，以便再次测试或收存仪器。如图3-5所示。

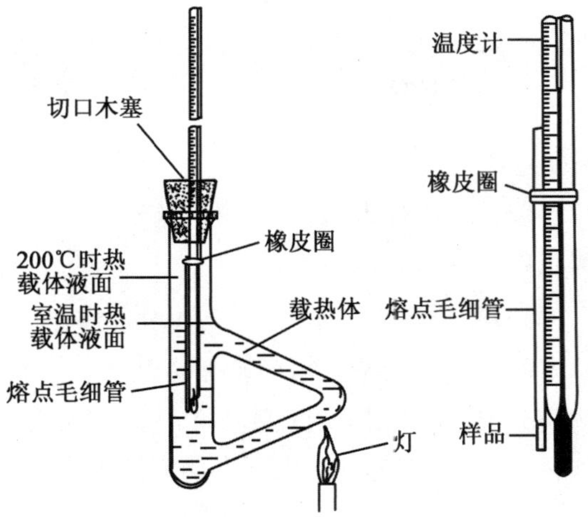

图 3-4　毛细管测定熔点的装置

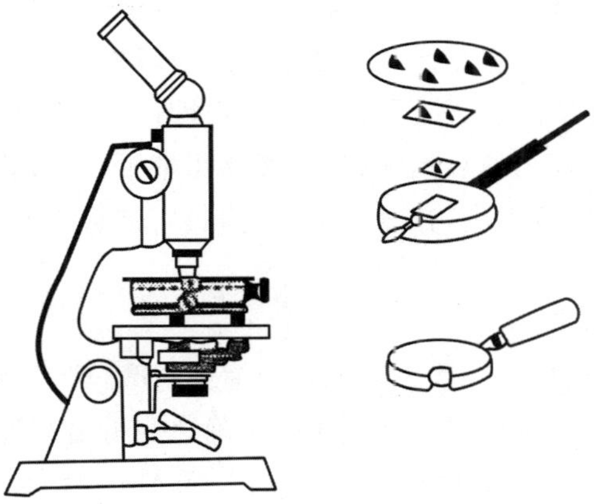

图 3-5　显微熔点仪

3. 实验内容

(1)测定尿素、苯甲酸熔点。

(2)测定混合样品(50％尿素＋50％肉桂酸)的熔点。

(3)测定未知物的熔点。

【思考题】

1. 如何判断始熔和全熔?

2. 有两个样品,分别测定其熔点和将它们按任何比例混合后测定的熔点都是一样,说明了什么? 为什么?

实验六 蒸馏及沸点的测定——乙酸异戊酯的提纯

【实验目的】

1. 熟悉普通蒸馏的仪器装置及操作方法。

2. 了解微量法测定沸点的原理及方法。

【实验原理】

蒸馏是分离和提纯液态有机化合物最常用的重要方法之一。应用这一方法，不仅可以把挥发性物质与不挥发性物质分离，还可以把沸点不同的物质以及有色的杂质等分离。

在通常情况下，纯粹的液态物质在大气压力下有确定的沸点。如果在蒸馏过程中，沸点发生变动，那就说明物质不纯。因此可借蒸馏的方法来测定物质的沸点和定性地检验物质的纯度。某些有机化合物往往能和其他组分形成二元或三元恒沸混合物，它们也有一定的沸点。因此，不能认为沸点一定的物质都是纯物质。

蒸馏装置主要包括蒸馏烧瓶、冷凝管和接收器三部分。

圆底烧瓶是蒸馏时最常用的容器。它与蒸馏头组合习惯上称为蒸馏烧瓶。圆底烧瓶容量应由所蒸馏的液体的体积来决定。通常所蒸馏的原料液体的体积应占圆底烧瓶容量的1/3～2/3。如果装入的液体量过多，当加热到沸腾时，液体可能冲出，或者液体飞沫被蒸气带出，混入馏出液中；如果装入的液体量太少，在蒸馏结束时，相对地会有较多的液体残留在瓶内蒸不出来。

蒸馏装置的装配方法：

把温度计插入螺口接头中，螺口接头装配到蒸馏头上磨口。调整温度计的位置，务使在蒸馏时它的水银球能完全为蒸气所包围。这样才能正确地测量出蒸气的温度。通常水银球的上端应恰好位于蒸馏头的支管的底边所在的水平线上。在铁架台上，首先固定好圆底烧瓶的位置，装上蒸馏头，以后在装其他仪器时，不宜再调整蒸馏烧瓶的位置。如用直形冷凝管等套管式冷凝管要先接好进出水用的橡皮管。在另一铁架台上，用铁夹夹住冷凝管的中上部分，调整铁架台与铁夹的位置，使冷凝管的中心线和蒸馏头支管的中心线呈一直线。移动冷凝管，把蒸馏头的支管和冷凝管严密地连接起来，铁夹应调节到正好夹在冷凝管的中央部位。再装上接引管和接收器。在蒸馏挥发性小的液体时，也可不用接引管。在同一实验桌上装置几套蒸馏装置且相互间的距离较近时，每两套装置的相对位置必须或是蒸馏烧瓶对蒸馏烧瓶，或是接收器对接收器，避免使一套装置的蒸馏烧瓶与另一套装置的接收器紧密相邻，这样有着火的危险。

如果蒸馏出的物质易受潮分解，可在接引管上连接一个氯化钙干燥管，以防止湿气的侵入；如果蒸馏的同时还放出有毒气体，则尚需装配气体吸收装置。如果蒸馏出的物质易挥发、易燃或有毒，则可在接收器上连接一长橡皮管，通入水槽的下水管内或引出室外。

当蒸馏沸点高于140℃的物质时，应该换用空气冷凝管。

蒸馏装置装好后，取下螺口接头，把要蒸馏的液体经长颈漏斗倒入圆底烧瓶里。漏斗的下端须伸到蒸馏头支管的下面。若液体里有干燥剂或其他固体物质，应在漏斗上放滤纸。或放一小撮松软的棉花或玻璃纤维等，以滤去固体。也可把圆底烧瓶取下来，把液体小心地倒入瓶里。然后往烧瓶里投入2～3粒沸石。沸石是把未上釉的瓷片敲碎呈半粒米大小的小粒。沸石的作用是防止溶液暴沸，使沸腾保持平稳，当液体加热到沸点时，沸石能产生细小的气泡，成为沸腾中心。在持续沸腾时，沸石可以继续有效，但一旦停止沸腾或中途停止蒸馏，则原有的沸石即失效。在再次加热蒸馏前，应补加新的沸石。如果事先忘记加入沸石，则决不能在液体加热到近沸腾时补加，因为这样往往会引起剧烈的暴沸，使部分液体冲出瓶外，有时还易发生着火事故。应该待液体冷却一段时间后，再行补加。如果蒸馏液体很黏稠或含有较多的固体物质，加热时很容易发生局部过热和暴沸现象，加入的沸石也往往失效。在这种情况下，可以选用适当的热浴加热，例如，可采用油浴或电热包。是选用合适的热浴加热，还是在石棉铁丝网上加热(烧瓶底部一般应紧贴在石棉铁丝网上)，要根据蒸馏液体的沸点、黏度和易燃程度等情况来决定。

用套管式冷凝管时，套管中应通入自来水，自来水用橡皮管接到下端的进水口，而从上端的出水口出来，用橡皮管导入下水道(为什么不能上进下出?)。

加热前，应再次检查仪器是否装配严密，必要时，应做最后调整。注意先通冷却水再加热。开始加热时，可以让温度上升稍快些。开始沸腾时，应密切注意蒸馏烧瓶中发生的现象，当冷凝的蒸气环由瓶颈逐渐上升到温度计水银球的周围时，温度计的水银柱就很快地上升。调节火焰或浴温，使从冷凝管流出液滴的速度为每秒钟1～2滴。应当在实验记录本上记录下第一滴馏出液滴入接收器时的温度。当温度计的读数稳定时，另换接收器集取。如果温度变化较大，须多换几个接收器集取。所用的接收器都必须洁净，且事先都须称量过。记录下每个接收器内馏分的温度范围和质量。若要集取的馏分的温度范围已有规定，即可按规定集取。馏分的沸点范围越窄，则馏分的纯度越高。

蒸馏的速度不应太慢，否则易使水银球周围的蒸气短时间中断，致使温度计上的读数有不规则的变动；蒸馏速度也不能太快，否则易使温度计读数不正确。在蒸馏过程中，温度计的水银球上应始终附有冷凝的液滴。以保持气液两相的平衡。

蒸馏低沸点易燃液体(例如乙醚)时：附近应禁止有明火，绝不能用灯火或电炉直接加热，也不能用正在灯火上加热的水浴加热，用灯火加热水浴时，要把易挥发易燃物质远离灯火，应该用预先热好的水浴。为了保持必需的温度，可以适时地向水浴中添加热水。有条件可以用恒温水浴锅。

当烧瓶中仅残留少量液体时(本实验留2～3 mL)，应停止蒸馏。

通常用蒸馏或分馏方法来测定液体的沸点。但是，若仅有少量试料(甚至少到几滴)，用微量法测定可以得到较满意的结果。

取两根内径约1 mm的毛细管，先在火焰上将其一端熔封，然后再将两根毛细管的封口对接起来，在离接头3～4 mm处整齐切断，即得内管。再在7～8 cm的小玻管(外管)装试料，试料高度应为8～10 mm。用细吸管把试料装入外管，然后把内管插入外管里。将外管用橡皮圈或细铜丝固定在温度计上，如图3-6所示。把沸点管和温度计放入热浴中。

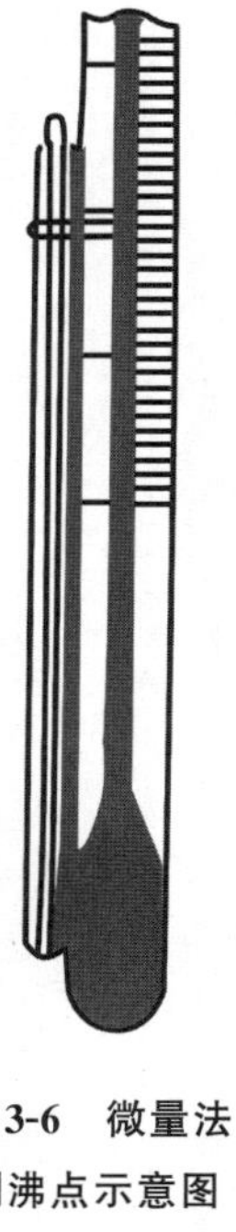

图3-6　微量法测沸点示意图

将热浴慢慢地加热，使温度均匀地上升。当温度达到比沸点稍高的时候，可以看到从内管中有一连串的小气泡不断地逸出。停止加热，让热浴慢慢冷却。当液体开始不冒气泡和气泡将要缩入内管时的温度即为该液体的沸点，记录下这一温度。这时液体的蒸气压和外界大气压相等。

【仪器和药品】

仪器：蒸馏烧瓶(125 mL)、冷凝管(20～40 cm)，量筒(50 mL)，长颈漏斗，温度计(150℃)，小玻管，烧杯(100 mL)，三角瓶(50 mL)，铁架，酒精灯(或电热套加恒温水浴锅)，橡皮管，接液管，碎瓷片，毛细管。

药品：粗乙醇，无水乙醇(或 95%乙醇)。

【实验步骤】

(1)乙酸异戊酯制备实验中所得乙酸异戊酯粗产品约 20 mL，进行简单蒸馏，收集 136～140℃之间的馏分，称其产品质量。

若无乙酸异戊酯粗产品，可取 50 mL 粗乙醇进行蒸馏。

(2)微量法测 95%乙醇的沸点。

【附注】

标口仪器的介绍

为了方便连接，有机化学实验现常使用标准口径的玻璃仪器，为了保证连接紧密，常将连接口打磨，故又称标准磨口仪器。该种仪器在使用过程中，可以保证良好的密封条件，可以避免实验过程中原料、产品、有毒物质的泄漏，或是在减压操作中获得较好的真空条件。标口仪器在使用上与普通玻璃仪器不同，下面介绍几种有机化学实验常用的仪器(图 3-7)。

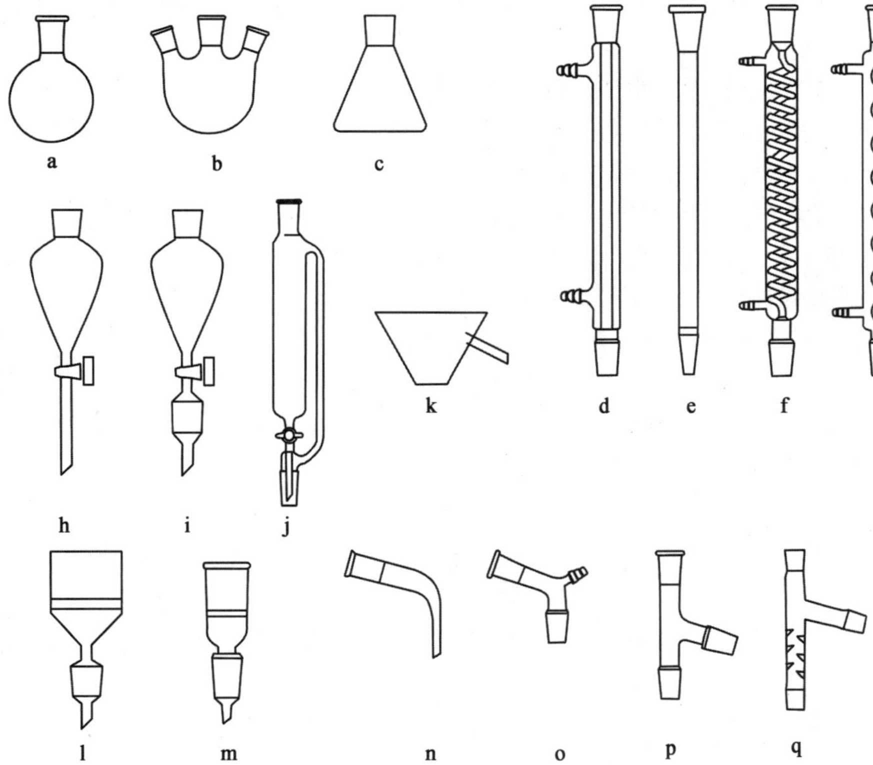

图 3-7 有机化学实验常用仪器示意图

1. 烧瓶

①圆底烧瓶 a:能加热和承受反应物(或溶液)沸腾以后所发生的冲击震动。在有机化合物的合成和蒸馏实验中最常使用,也常用作减压蒸馏的接收器。

②三口烧瓶 b(又称三颈瓶):最常用于需要进行搅拌的实验中。中间瓶口装搅拌器,两个侧口装回流冷凝管和滴液漏斗或温度计等。

③锥形烧瓶 c(简称锥形瓶):常用于有机溶剂进行重结晶的操作,或有固体产物生成的合成实验中,因为生成的固体物容易从锥形瓶中取出来。通常也用作常压蒸馏实验的接收器,但不能用作减压蒸馏实验的接收器(不耐压)。

2. 冷凝管

①直形冷凝管 d:蒸馏物质的沸点在 140℃以下时,要在夹套内通水冷却;但超过 140℃时,冷凝管往往会在内管和外管的接合处炸裂。

②空气冷凝管 e:当蒸馏物质的沸点高于 140℃时,常用它代替通冷却水的直形冷凝管。

③蛇形冷凝管 f:其内管是一段螺旋管,加大了冷却面积,常用于低凝点蒸气(如醚类)的冷却。

④球形冷凝管 g:其内管的冷却面积较大,对蒸气的冷凝有较好的效果,适用于加热回流的实验。

3. 漏斗

①分液漏斗 h:用于液体的萃取、洗涤和分离;有时也可用于滴加试料。

②滴液漏斗 i:能把液体一滴一滴地加入反应器中。即使漏斗的下端浸没在液面下,也能够明显地看到滴加的快慢。

③恒压滴液漏斗 j(简称恒压漏斗):用于合成反应实验的液体加料操作,也可用于简单的连续萃取操作。

④保温漏斗 k:也称热滤漏斗,用于需要保温的过滤。它是在普通漏斗的外面装上一个铜质的外壳,外壳与漏斗之间装水,加热侧面的支管,以保持所需要的温度。

⑤布氏漏斗 l:是瓷质的多孔板漏斗,在减压过滤时使用。

小型多孔板漏斗 m:用于减压过滤少量物质。

4. 其他仪器

这些仪器多数用于各种仪器的连接。如接引管 n、o 用于连接冷凝管与接收器,温度计套管连接蒸馏头及温度计,蒸馏头 p 与分馏头 q 在蒸馏与分馏时用于连接温度计套管与烧瓶、冷凝管等。

使用标准磨口仪器时应注意以下事项:

(1)必须保持磨口表面清洁,特别是不能沾有固体杂质,否则磨口不能紧密连接。硬质沙粒还会给磨口表面造成永久性损伤,破坏磨口的严密性。

(2)标准磨口仪器使用完毕必须立即拆卸,洗净,各个部件分开存放,否则磨口的连接处会发生黏结,难以拆开。非标准磨口部件(如滴液漏斗的旋塞)不能分开存放,应在磨口间夹上纸条以免日久黏结。

盐类或碱类溶液会渗入磨口连接处,蒸发后析出固体物质,易使磨口黏结,所以不宜用磨口仪器长期存放这些溶液。使用磨口装置处理这些溶液时，应在磨口涂润滑剂。

(3)在常压下使用时，磨口无需润滑以免沾污反应物或产物。为防止黏结，也可在磨口靠大端的部位涂敷很少量的润滑脂(凡士林、真空活塞脂或硅脂)。如果要处理盐类溶液或强碱性物质，则应将磨口的全部表面涂上一薄层润滑脂。

减压蒸馏使用的磨口仪器必须涂润滑脂(真空活塞脂或硅脂)。在涂润滑脂之前，应将仪器洗刷干净(用脱脂棉或滤纸蘸石油醚、乙醚、丙酮等易挥发的有机溶剂)，以免物料受到污染。

(4)只要正确遵循使用规则，磨口很少会打不开。一旦发生黏结，可采取以下措施：

①将磨口竖立，往上面缝隙间滴几滴甘油。如果甘油能慢慢地渗入磨口，最终能使连接处松开。

②用热风吹，用热毛巾包裹，或在教师指导下小心地用灯焰烘烤磨口的外部几秒钟(仅使外部受热膨胀，内部还未热起来)，再试验能否将磨口打开。

③将黏结的磨口仪器放在水中逐渐煮沸，常常也能使磨口打开。

④用木板沿磨口轴线方向轻轻地敲外磨口的边缘，振动磨口也会松开。

如果磨口表面已被碱性物质腐蚀，黏结的磨口就很难打开了。

蒸馏仪器的装配如图 3-8 所示。

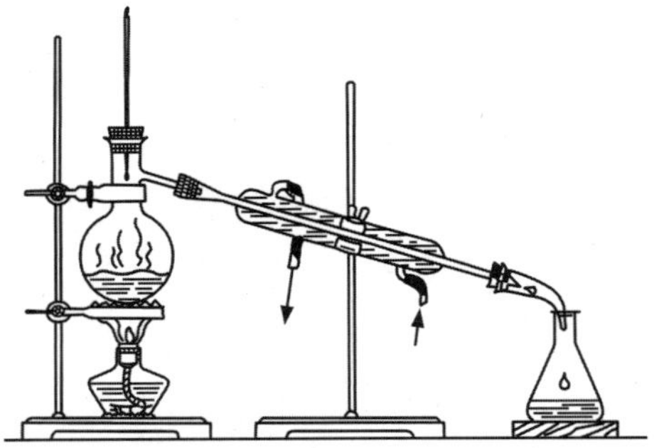

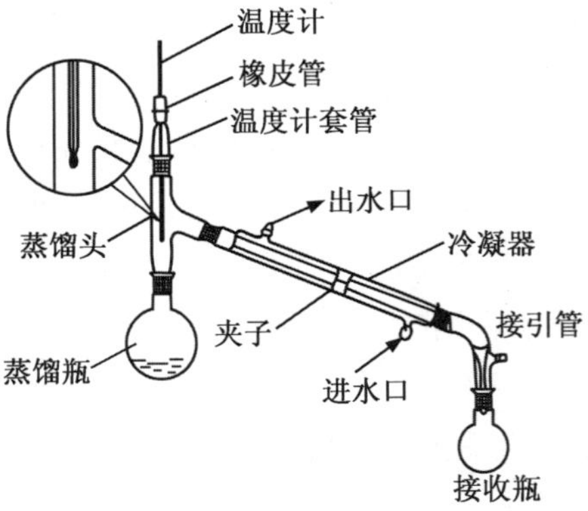

图 3-8 蒸馏装置

在有机化学实验室内，学生使用同一号(如 19 号)的标准磨口仪器，组装起来非常方便，每件仪器的利用率高，互换性强，用较少的仪器即可组装成多种多样的实验装置一套磨口连接的实验装置，尤其像装有机械搅拌这样动态操作的实验装置，每件仪器都要用夹子固定在同一个铁架台上，以防止各件仪器振动频率不协调而破损仪器。现以蒸馏反应装置为例说明仪器装配过程及注意事项。首先选定蒸馏烧瓶的位置，它的高度由热源(如煤气灯或电炉)的高度决定。然后以蒸馏烧瓶的位置为基准，依次装配蒸馏头、直形冷凝管、接引管和接收瓶。调整温度计在螺口接头中位置并固定好。将螺口接头装配到相应磨口上。除像接引管这种小件仪器外，其他仪器每装配好一件都要求用铁夹固定到铁架台上，然后再装另一件。在用铁夹子固定仪器时，既要保证磨口连接处严密不漏，又不要使上件仪器的重力全都压在下件仪器上，即顺其自然将每件仪器固定好，尽量做到各处不产生应力。夹子的双钳必须有软垫(软木片、石棉绳、布条、橡皮等)，决不能让金属与玻璃直接接触。冷凝管与接引管、接引管与接收瓶间的连接最好用磨口接头连接专用的弹簧夹固定。接收瓶底用升降台垫牢。一套蒸馏反应装置组装得正确应该是，从正面看，蒸馏头和桌面垂直，其他仪器顺其自然，从侧面看，所有仪器处在同一个平面上。拆卸装置时，按装配相反的顺序逐个拆除，在松开一个铁夹子时，必须用手托住所夹的仪器，特别是有时有倾斜安装的仪器如冷凝管，决不能让仪器的质量对磨口施加侧向压力，否则仪器就要损坏。在常压下进行加热操作的仪器装置必须至少有一处与大气相通。

实验七 萃取及氨基酸的纸色谱

(一)萃取的原理及操作

萃取的主要理论依据是每一种化合物在不同的溶剂中,都具有不同的溶解度或分配比。当一种化合物与两种互不相溶或微溶的溶剂混合时,就会同时溶入两种溶剂中,达到平衡后,化合物在两溶剂中的浓度之比,在一定温度下是一个常数,称为分配系数,通常用 K 表示。

$$K=\frac{c_1}{c_2}$$

式中,c_1 为化合物在溶剂 1 中的浓度;c_2 为化合物在溶剂 2 中的浓度。

对某一化合物而言,当 $c_2>c_1$ 时,其 K 值恒小于 1。如果用溶剂 2 对其萃取时,该化合物将绝大部分进入萃取溶剂中,而分配系数较大的化合物则仍留在原溶液中。于是可以把它们分开。

为了把所需要的物质从混合物中最大限度地萃取出来,通常需要把一定量的溶剂分成数小份,进行多次重复萃取,才能得到满意的效果。下列的推导计算就可以说明这一点。

设有 V_0(mL)水溶液,其中含有某有机溶质 W_0(g),每次用 V(mL)有机溶剂萃取,经第一次萃取后,有机溶剂中的溶质量为 W(g),残留在原水溶液中的溶质量为 W_1(g)。根据分配系数的定义,有:

$$K=\frac{W_1/V_0}{W/V},W=W_1\frac{V}{KV_0}$$

$$W_0=W_1+W=W_1+W_1\frac{V}{KV_0}$$

$$W_1=\frac{W_0}{1+\frac{V}{KV_0}}=W_0\frac{KV_0}{KV_0+V}$$

萃取 2 次以后,原溶液中的溶质残留量为:

$$W_2=W_1\frac{KV_0}{KV_0+V}=W_0\left(\frac{KV_0}{KV_0+V}\right)^2$$

萃取 n 次后,溶质的残留量 W_n 为:

$$W_n=W_0\left(\frac{KV_0}{KV_0+V}\right)^n$$

由式可见,每次萃取的溶剂量(V)越大,或重复萃取的次数越多,残留在原溶液中的物质就越少。但式中的 n 对 W_n 的影响比 V 大得多,所以,在溶剂总量一定时,采用“少量多次”的萃取方法,效果要比一次性萃取好得多。

选择萃取溶剂的一般原则是:有利于获得最高的萃取效率和方便操作。为此,萃取溶剂应具备下列条件:①萃取溶剂对被萃取物质有很大的溶解度,而对非萃取组分或杂质有极小的溶解度;②萃取溶剂与被萃取溶液的溶剂不互溶或微溶,两溶剂的密度有明显差异;③溶剂与混合物不起化学反应;④萃取后溶剂便于用常压蒸馏回收;⑤价格低廉,毒性小,不易着火。

下面简要介绍一下液—液萃取方法。

液—液萃取方法在有机化学实验中常用分液漏斗进行。常见的分液漏斗有球形和长梨形两种。漏斗越长,溶剂分层所需的时间也越长。当两种溶剂的密度相近时,选用球形分液漏斗比较好,这样可以缩短振荡后两溶剂分层的时间。

1. 分液漏斗的准备

选用分液漏斗的容积应大于待萃取溶剂的体积1倍以上。用前洗净后把活塞擦干,涂上一薄层凡士林,塞回塞座并旋转数圈,使凡士林涂布均匀,在用橡皮筋拴好。加入适量水,振荡,检查顶塞和活塞处是否漏水,如不漏水时,把水放出,关闭好活塞,把分液漏斗架到固定在铁架台上的铁圈上,待用。

2. 萃取操作的一般步骤

将待萃取的溶液和溶剂(一般为前者体积的1/3),依次通过一个普通漏斗注入到分液漏斗中,盖上顶塞,关闭通气孔,取下分液漏斗,用右手掌顶住顶塞,手指握住分液漏斗颈;左手握住活塞部位,拇指、食指按住活塞柄,把尾管夹在食指、中指的指缝间,余下三个手指握住活塞底座下部。然后缓缓地旋摇几次,再把分液漏斗倒置,活塞端斜朝上(按紧活塞的食、拇两个手指徐徐开启活塞,放出气体。关闭活塞,振摇几次,再放气,如此重复数次,直到没有气体排出为止。再剧烈振摇2~3 min,进一步放气,将分液漏斗架回铁圈中,静置,待溶剂完全分层后,取下顶塞,下接一干净锥形瓶或烧杯,打开活塞放出下层液体,直到两液层界面刚刚进入活塞孔为止,关闭活塞(图3-9)。

图 3-9 萃取操作

若分出下层液体是水,则把上层有机萃取液从分液漏斗顶口倒出,再把分出的水溶液倒回分液漏斗中(注意关好活塞),添加新溶剂,重复萃取2~3次(若分出的液体是有机萃取液时,则直接加入新溶剂进行重复萃取即可)。合并几次萃取液,重新倒入分液漏斗中,静置数分钟后,仔细分出水相,倒出萃取液,加入适量干燥剂,干燥后,用普通蒸馏法回收溶剂,得到粗品,根据需要可用蒸馏法或重结晶法进行精制,便可得到纯品。

(二)氨基酸的纸色谱

【实验目的】

1. 了解纸色谱法原理,学习其操作。

2. 学习应用比移值 R_f 进行定性鉴定。

【实验原理】

纸色谱属于分配色谱的一种,是以滤纸作为惰性载体,以吸附在滤纸上的水或有机溶剂作为固定相,流动相是被水饱和过的有机溶剂(展开剂)。利用样品中各组分在两相中分配系数的不同达到分离的目的。纸色谱主要用于分离和鉴定有机化合物,也可用于一些无机离子的分离鉴定。物质移动的相对距离通常用比移值 R_f 表示:

$$R_f=\frac{h}{H}=\frac{\text{物质样点移动的距离}}{\text{溶剂前沿至样品原点中心距离}}$$

【仪器及药品】

仪器：层析滤纸(11 cm×18 cm)，吹风机或烘箱，小喷雾器，色层缸，内径0.3 mm毛细管。

药品：亮氨酸(0.03 mol/L)，甘氨酸(0.03 mol/L)，丙氨酸(0.03 mol/L)

展开剂：乙醇—水—醋酸混合液体积比为(50∶10∶1)

显色剂：茚三酮的乙醇溶液(0.2%)

(3)材料：铅笔，直尺，镊子，回形针。

【实验步骤】

(1)点样：取一张层析纸，在距纸一端2 cm处用铅笔划一条平行于纸边的横线，沿这条线画5个小点，并编号，在层析纸上按照下列次序加上氨基酸样点，①亮氨酸；②丙氨酸；③甘氨酸；④亮氨酸、甘氨酸、丙氨酸混合液；⑤未知物。

(2)展开：样点干了以后，将纸放入乙醇—水—醋酸的混合液作为展开剂的色层缸中，记下时间，让展开过程大约进行1 h，这时，溶剂应该到达样点基线以上7.5～8 cm处。必要时可在展开前将滤纸放在展开剂蒸气中饱和。

(3)显色：取出层析纸，标出展开剂前沿，放在表面皿上，在105℃的烘箱内干燥约5 min，用0.2%茚三酮乙醇溶液喷雾，在烘箱内干燥5～10 min，标出每个斑点的中心。

(4)测量并记录 h 和 H，计算 R_f。

【色谱斑点拖尾的原因】

在进行纸色谱分离时，有时遇到色谱图上的斑点出现彗星状的拖尾。除了由于杂质的影响外，还可以由下列原因造成：

(1)点样过多，样品量超过了点样处滤纸所荷载的溶剂能够溶解的量。因此，在展开时，只能逐渐被溶剂所带动而形成拖尾。

(2)某些物质可以形成多个电离形式，且各自有其不同的 R_f 值，因而在纸上连续拖曳，这种情况下可使用碱性或酸性的展开系统，使电离受抑制，即可消除。

(3)被分离的物质与滤纸上的 Cu^{2+}、Ca^{2+}、Mg^{2+} 等杂质形成络合物而形成拖尾，可改用纯滤纸作展开。

(4)某些物质在展开过程中会逐渐分解，如肾上腺素和某些含硫氨基酸等，可将它们转变成稳定的物质再作展开来克服。

(5)当被分解的物质能溶于显色剂中时，如显色剂用量过多，可使斑点模糊或拖长。

【思考题】

1. 为什么纸色谱点样点的直径不超过5 mm？斑点过大或样量过大有什么弊病？为什么？

2. 展开前为什么要先“饱和”？色谱缸为什么要密封？

3. 上行展开时，样品点为什么必须处在展开剂的液面之上？

4. 纸色谱的展开剂为什么必须含水？调整展开剂的含水量有哪几种方法？有时加入酸或碱的作用是什么？

5. 怎样选择一个化合物分离的色谱条件？

第二部分　小型仪器在常数测定中的应用

实验八　醋酸电离度及电离常数的测定

【实验目的】

1. 学习 pHS-3C 型酸度计的使用，了解 pH 法测定醋酸电离度及电离常数的原理和方法。
2. 加深对弱电解质性质的理解。

【实验原理】

醋酸是弱电解质，在水中存在下列电离平衡：

$$HAc \rightleftharpoons H^+ + Ac^- \qquad \alpha = \frac{[H^+]}{c}$$

$$K_a = \frac{[H^+][Ac^-]}{[HAc]} = \frac{[H^-]^2}{c-[H^+]} = \frac{c\alpha^2}{1-\alpha}$$

式中，c 是 HAc 的分析浓度，由未电离的 HAc 和已电离的 HAc 两部分组成，可以通过滴定等方法测定出 c。可见，对于一定浓度的 HAc 溶液，只要测出$[H^+]$，就可求出其电离度 α 及电离常数 K_a 值，若 HAc 浓度较大，此时 $\alpha \ll 1$，则 $1-\alpha \approx 1$，故上式又可写作：$K_a = c\alpha^2$。

【仪器和药品】

仪器：pHS-3C 型酸度计（见附录）、酸式滴定管、小烧杯（50 mL，4 只）、铁架台、蝴蝶夹、容量瓶（50 mL，3 只）、温度计、滤纸片、滴管。

药品：0.1 mol/L 的 HAc 溶液。

【实验步骤】

（1）配置不同浓度的 HAc 溶液：用滴定管分别取 18.75 L、12.5 L、2.5 L 0.1 mol/L 的 HAc 溶液（其准确浓度已标定，应保留四位有效数字详见试剂瓶，）于三个 50 mL 容量瓶中，稀释至刻度，摇匀。计算这三瓶 HAc 的准确浓度。

（2）测定 pH：用四个干燥的 50 mL 烧杯，分别取上述三种浓度的 HAc 溶液及 0.1 mol/L 的 HAc 溶液 20 mL 左右（若烧杯不干燥，则先用被盛液少量将烧杯洗刷 2～3 遍），注意按由稀到浓的次序测定它们的 pH，记录数据完成表 8-1。

【实验数据】

实验数据填入表 3-10。

表 3-10　不同浓度 HAc 溶液 pH 测试结果一览表

溶液编号	c（HAc）	pH	[H^+]	α	K_a
1					
2					
3					
4					
	实验温度＝　　℃；			K_a 平均值＝	

【思考题】

1. 测定 HAc 溶液的 pH 时，若果烧杯是不干燥的，对测定结果有何影响？
2. 若所用 HAc 溶液是极稀的，$K_a = c\alpha^2$ 是否仍然成立？
3. 在测定一系列同种溶液的 pH 时，测定顺序由浓到稀，其结果有何不同？

【附注】

pHS-3C 型酸度计的使用方法。

（一）测定原理

pHS-3C 型数字式酸度计的两个工作电极与待测溶液组成原电池，其中一个电极的电极电势固定不变，称为参比电极，常用饱和甘汞电极；另一个电极的电极电势随待测溶液的 pH 而变，称为指示电极或工作电极，常用玻璃电极。H^+ 浓度变化，电动势也随之变化。测定原电池的电动势就可计算出指示电极的电极电势，该电动势经过转换变成数字量，由 LED 数字显示溶液的 pH 或原电池电动势 mV 值。

甘汞电极（图 3-10）是由金属汞、甘汞（Hg_2Cl_2）和氯化钾（KCl）溶液组成，它们的反应是

$$Hg_2Cl_2 + 2e^- \rightleftharpoons 2Hg + 2Cl^-$$

其电极电势与溶液的 pH 无关，与氯化钾溶液的浓度有关。饱和甘汞电极（用饱和氯化钾溶液）在 298 K 的电极电势为 0.242 V。

玻璃电极（图 3-11）的下端是一极薄的玻璃球泡，它是由特殊成分的玻璃（由 SiO_2、Li_2O、CaO 组成）吹制而成，这部分薄敏感玻璃膜对氢离子有选择性敏感作用，球泡中有 0.1 mol/L 盐酸溶液，内插入 Ag-AgCl 电极（内参比电极），把它插入待测溶液便组成一个电极：

$$Ag|AgCl_{(s)}|HCl_{(0.1\ mol/L)}|\text{玻璃膜}|\text{待测溶液}$$

由于球泡内[H^+]是固定的，该电极的电极电势随待测溶液 pH 而变：

$$E_{玻} = E^{\ominus}_{玻} + 0.0591\lg[H^+] = E^{\ominus}_{玻} - 0.0591\ pH$$

将玻璃电极和甘汞电极一起插入待测溶液组成原电池，接上精密电位计，即可测得电池的电动势：

$$E = E^+ - E^- = E_{甘汞} - E_{玻璃}$$
$$= 0.242 - E^{\ominus}_{玻} + 0.0591\ pH$$

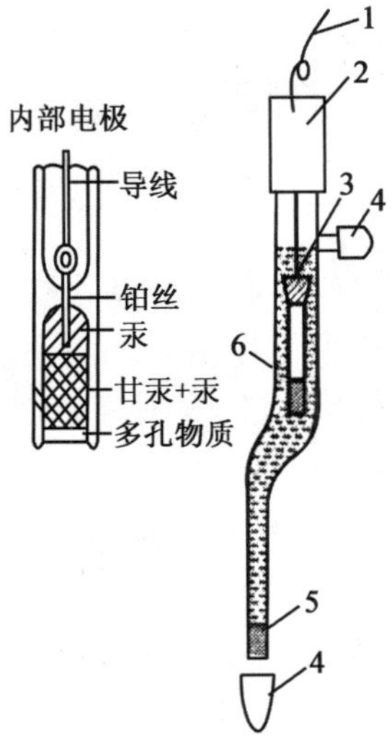

图 3-10 甘汞电极

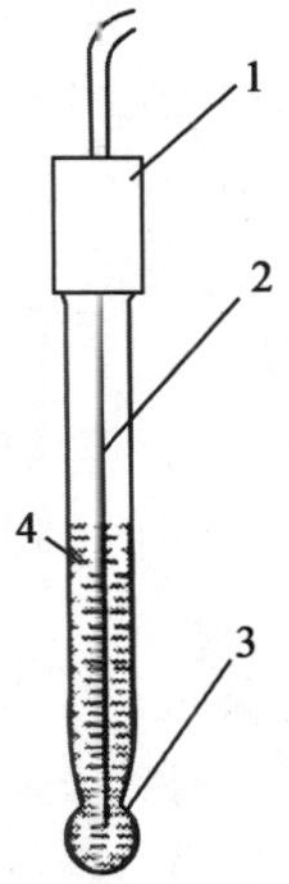

1—绝缘套;2—Ag-AgCl 电极;
3—玻璃膜;4—内部缓冲溶液

图 3-11 玻璃电极

所以

$$pH=\frac{E-0.242+E^{\ominus}_{玻}}{0.0591}$$

其中,$E^{\ominus}_{玻}$可以由测定一个已知 pH 的缓冲溶液的电动势求得。

当测定标准缓冲溶液时,利用定位器把读数调整到已知 pH(称定位或校正),在测量未知溶液时,从 pH 计上就可直接读出 pH。

(二)pHS-3C 型酸度计的使用方法

(1)电极的准备与安装。

①玻璃电极:

a. 初次使用时,应将玻璃电极的球泡部分放在蒸馏水中浸泡一昼夜以上,或在 0.1 mol/L HCl 溶液中浸泡 12～14 h。测量完毕,电极也应浸在蒸馏水中,以便随时可用。玻璃电极长时间不用,可浸在 0.1 mol/L HCl 溶液中。

b. 检查电极内部溶液中有无气泡,如有则必须云掉。

c. 电极的挑选方法。选用两种已知 pH 的标准缓冲溶液(其 pH 的差值大于 2 个 pH 单位),先用一种缓冲溶液进行校正,然后测定另一种缓冲溶液的 pH,看测定值是否与已知值相符。正常玻璃电极的允许偏差在±0.02 pH 以内,如偏差过大,应检查原因,若确系电极问题,则应淘汰。

②甘汞电极:

a. 使用前应检查饱和氯化钾溶液是否浸没内部电极小瓷管的下端,是否有氯化钾晶体存在以确保溶液饱和,弯管内是否有气泡将溶液隔断。

b. 拔去下端的橡皮帽,电极的下端为一陶瓷芯,在测量时允许有少量氯化钾溶液流出。拔去上部支管的小橡皮塞,以保持有足够的液压差,防止产生扩散电位影响测试结果,同时测量时断绝被测溶液流入而沾污电极。把橡皮帽、橡皮塞保存好。

③电极的安装。把玻璃电极、甘汞电极的胶木帽分别夹在电极夹上，并使玻璃电极下端的球泡比甘汞电极的陶瓷芯稍上一些，以免在下移电极或摇动溶液时碰破球泡。玻璃电极的插头插入电极插口内，学生实验时，电极已安装好不要随便插、拔电极插头以免损坏，甘汞电极的引线接在接线柱上。

（2）pH 的测量。

①使用前准备：将玻璃电极、甘汞电极插在电极夹上，把电极夹装在电极立杆上（甘汞电极使用时，请把电极上的小橡皮塞及下端橡皮帽拔去，不用时，应把橡皮帽及小橡皮塞套上）。

②简易标定法：

a. 将仪器电源插头接入 220 V 交流电源，按下电源按钮，预热 20 min，将选择开关置 pH 档。“斜率”旋钮顺时针方向旋到底（100%）处，“温度”旋钮置所选择标准缓冲溶液的温度。

b. 用与被测溶液 pH 相近的缓冲溶液直接标定：将电极（用前将电极用蒸馏水清洗，并用滤纸吸干）浸入选定的标准缓冲溶液中（如 pH4 标准缓冲溶液），注意玻璃球泡要完全浸没于溶液中，示值稳定后，用定位旋钮调至该标准缓冲溶液在额定温度下的标准 pH 即可。

③样品溶液 pH 的测量：经标定后，仪器即可进行样品溶液 pH 的测量（注意，此时“温度”旋钮应置于样品溶液温度，其他旋钮不能再动，否则需要重新标定）。在测量前，先将电极用蒸馏水清洗，并用滤纸吸干，然后将电极放入样品溶液，所显示值即为样品的 pH。

（3）电极电位的测量：将仪器选择开关置 mV 档，其余操作同（2），此时仪器所显示值即为原电池电动势值，可根据参比电极的电极电势计算出工作电极的电极电位值。

（三）注意事项

（1）玻璃电极的球泡很薄，切忌与硬物接触，一旦发生破裂，则完全失效。

（2）玻璃电极使用前应将玻璃球泡在蒸馏水中浸泡数小时，最好一昼夜。

（3）电极的引线和插口须保持干燥。

（4）测强碱性溶液的 pH 时应快速操作，测定结束后立刻用水洗涤，以免碱腐蚀玻璃。

（5）玻璃膜不可沾有油污，如果沾上则先浸入酒精中，再放于乙醚或四氯化碳中，然后再转入酒精中，最后用水冲洗并浸于水中。

附表　缓冲溶液的 pH 与温度关系对照表

温度/℃	pH 4 标准缓冲溶液 邻苯二甲酸盐	pH 7 标准缓冲溶液 中性磷酸盐	pH 9 标准缓冲溶液 硼酸盐
5	4.01	6.95	9.39
10	4.00	9.92	9.33
15	4.00	6.90	9.27
20	4.01	6.88	9.22
25	4.01	6.86	9.18
30	4.02	6.85	9.14
35	4.03	6.84	9.10
40	4.04	6.84	9.07

续附表

温度/℃	pH 4 标准缓冲溶液 邻苯二甲酸盐	pH 7 标准缓冲溶液 中性磷酸盐	pH 9 标准缓冲溶液 硼酸盐
45	4.05	6.83	9.04
50	4.06	6.83	9.01
55	4.08	6.84	8.99
60	4.10	6.84	8.96

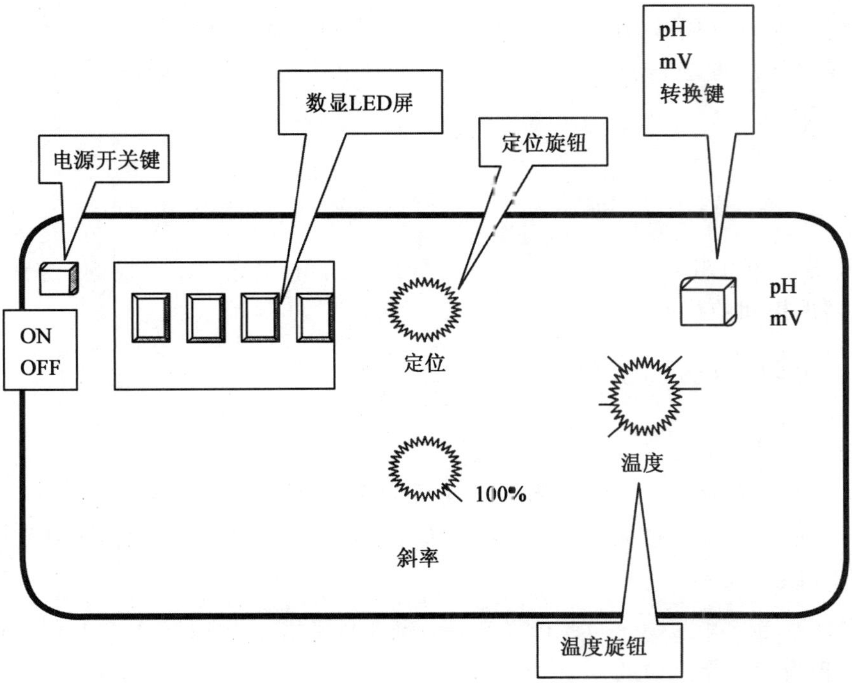

附图　pHS-3C 型酸度计仪器面板图

实验九　电导分析

【实验目的】

1. 了解电导分析的基本原理，熟悉电导率仪的使用。

2. 学会用电导法测定水纯度。

3. 理解电导滴定的原理，并用电导滴定法测定 HCl 溶液浓度。

【实验原理】

水溶液中的离子，在电场的作用力下具有导电能力。其导电能力称为电导(G)，单位 S(西门子)。测量电导的方法是将两电极插入溶液，测出两电极的电阻，电导 G 与电阻 R 互为倒数。

$$G=\frac{1}{R}=\frac{1}{\rho}\times\frac{A}{L}$$

式中，ρ 为该导体的电阻率，单位 Ω·cm；A 为导体截面积(电导池中电极的面积)；L 为导体长度(电导池两电极间的距离)。

令 $\kappa=\frac{1}{\rho}$，则 $G=\kappa\times\frac{A}{L}$

κ 为电导率，单位为 S/cm。

对某一电极而言，L 与 A 不变，因此 A/L 为常数，称为电极常数。

水质纯度的一项重要指标是其电导率的大小。电导率愈小，即水中离子总量愈小，水质纯度愈高；反之电导率愈大。

普通蒸馏水电导率为$(3\sim5)\times10^{-6}$ S/cm，普通自来水 κ 为 125～1 250 μS/cm。

滴定过程由于化学反应的发生，本身就是一个离子组成、浓度都发生不断变化的过程。电导滴定法就是利用滴定终点前后电导率的变化率来确定终点的滴定分析方法。该法迅速准确而且特别适用于浑浊、有色样品及混合物的测定。

本实验采用电导滴定法测定 HCl 的浓度。

如用 NaOH 滴定 HCl，反应式为：

$$H^+ + Cl^- + Na^+ + OH^- = Na^+ + Cl^- + H_2O$$

随着 NaOH 的不断加入，H^+ 和 OH^- 结合成电导率很小的 H_2O，而 Na^+ 在不断增加，由于 H^+ 的移动速率远大于 Na^+，故在理论终点前，溶液的电导率不断下降，到理论终点时最低。

当过量的 NaOH 加入后，由于 OH^- 的移动速率较大，因此溶液的电导率随 NaOH 的加入而增加，见图 3-8 中的电导滴定曲线。因此由滴定曲线的转折点即可确定滴定终点。

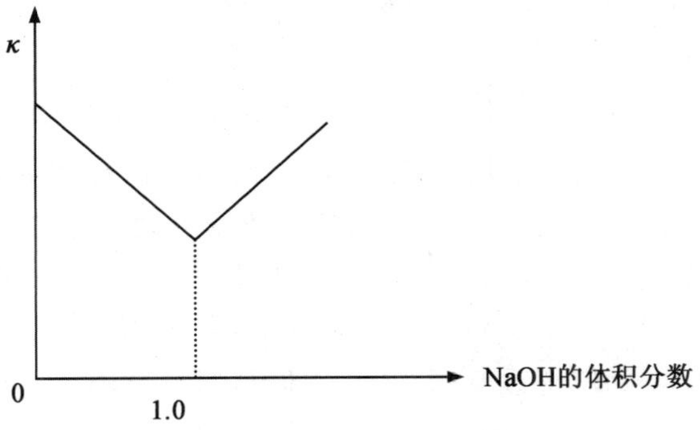

图 3-12　电导滴定曲线(NaOH 滴定 HCl)

【仪器和试剂】

仪器:电导率仪(DJS-1 铂黑电极),烧杯(200 mL 1 个、50 mL 2 个),碱式滴定管(25 mL),滴定台,移液管 50 mL,移液管架,吸耳球,量筒 50 mL,玻棒,洗瓶。

试剂:0.100 0 mol/L NaOH 标准溶液(具体浓度见试剂瓶),0.01 mol/L HCl 溶液。

材料:蒸馏水,自来水,碎滤纸。

【操作步骤】

1. 水样电导率的测定

(1)仔细阅读电导率仪的使用说明书,掌握电导率仪的使用,电导电极的使用。

(2)将电导率仪接上电源,开机预热并调节。装上电导电极,用蒸馏水冲洗几次,并用滤纸吸去水珠。注意:如用滤纸用力擦铂黑电极会损坏电极。

(3)取蒸馏水、自来水分别置于 2 个 50 mL 的烧杯中,用蒸馏水、待测水样依次清洗电极,逐一进行测量,记录数据。

2. 电导滴定

用移液管移取 50.0 mL 待测 HCl 溶液于一干净 200 mL 烧杯中,加入 50 mL 蒸馏水,充分搅拌后,将电导电极插入溶液中,测此时溶液电导率,待读数稳定,记录数据,然后用滴定管加入 NaOH 标准溶液,每加 0.5 mL 充分搅匀后,测定并记录溶液的电导率和 NaOH 标准溶液实际读数,当溶液电导率由减少转为开始增大后,再测 4～5 个点即可停止。

实验完毕后,用蒸馏水冲洗电极,然后将电极泡入蒸馏水中保存。

【数据处理】

据列表记录的数据,由 NaOH 滴定 HCl 溶液的体积数,以 κ 对 $V(\text{NaOH})$ 作图,找出 NaOH 标准溶液滴定的终点体积数 $V_{终}$ 并计算 HCl 的浓度。

【仪器的使用方法】

(1)接好电源,按下电源开关,仪器预热 10 min。如使用高周则按下 20 mS/cm 按钮(量程在 20 μS/cm 以下测量频率为低周,量程在 200 μS/cm 以上测量频率为高周);使用低周则放开所有量程按钮,在没有接入电极时,用调零旋钮使仪器读数为 000。

(2)将电极插座外套向前按动,并插入电极连接插头,然后放开外套,可轻拉一下电极连线,应不能拉出,以检查插头是否接好。电极用滤纸吸干(不可用力擦拭,否则会损坏电极的铂黑部分)，悬空放在电极架上，电极头不能接触任何物体。按下 2 μS/cm 量程按钮，调节电容补偿，使仪器的读数为 000。

(3)将仪器温度补偿旋钮置于 25℃位置，常数补偿置于电极的实际常数相应位置(常数调节:对电极常数进行补偿。当使用 DJS-1 电极时，以电极上所标常数减去 0.50，即为补偿位置，例如，电极常数为 0.99，0.99－0.50＝0.49；则常数调节旋钮上孔内的数字应调至 4，旋钮圈位置调至 9)。将电极浸入被测溶液，并按下相应的量程按钮，所得稳定读数即为被测溶液在测量时温度状况下的电导率 K。如读数第一位为 1，后三位数字熄灭，表示被测数值超出量程范围，可按下高一档量程按钮，如读数很小，为了提高测量精确度，可按下低一档量程按钮。量程在 20 μS/cm 以上使用高周频率时，需同时按下 20 μS/cm 按钮及所需要的量程档按钮。

如将旋钮置于溶液实际温度相应位置，仪器读数即溶液在 25℃时的电导率。

【仪器的维护】

(1)仪器应保持干燥，防止潮气、腐蚀性气体进入仪器内部，注意电极插头、插孔及连接线不要弄湿。

(2)电源插头插入后应保持插接良好，防止接触不良。

(3)电极使用完毕应清洁干净，浸入蒸馏水中。

实验十　物质折光率的测定

【实验目的】

1.了解折光率概念与意义。

2.掌握阿贝折光仪的工作原理及正确使用方法。

3.了解折光率与温度、浓度的关系。

【实验原理】

光从一种介质射入另一种介质时，在分界面上发生折射现象。光从空气射入另一种介质时，入射角 A 与折射角 B 的正弦之比叫折光率用符号 n 表示：$n=\sin A/\sin B$。

折光率是物质的特征常数之一，不仅作为物质纯度的标志，也可用来鉴定未知物。折光率 n 与物质的结构和光线波长有关，而且也受温度、压力及物质浓度等因素的影响，n 右下角注"D"表示所用光线为钠光，测定时温度标在右上角。一般情况下，温度每升高一度，液体有机物的折光率减少 4×10^{-4}，因此实际工作中，往往采用下列换算公式：

$$n_D^T=n_D^t+4\times10^{-4}(t-T) \tag{1}$$

式中，T 为规定温度，t 为实验时温度。

折光率作为物质的重要特征常数之一，测定物质的折光率就可以定量地求出该物质的浓度或纯度。一般情况下若溶质的折光率小于溶剂的折光率，则其浓度愈大折光率愈小，反之亦然。通过测定物质的折光率，可以测定物质的浓度，其方法如下：①制备一系列已知浓度的样品，分别测定各浓度的折光率；②以浓度 c 与折光率 n_D^T，作图得一工作曲线；③测未知浓度样品的折光率，在工作曲线上可以查得未知浓度样品的浓度。

另外，通过测定物质的折光率，还可以算出某些物质的摩尔折光率，反映极性分子的偶极矩，从而有助于研究物质的分子结构。

【仪器和药品】

仪器：2WA-J 单目镜阿贝折射仪、烧杯、滴管(注意滴管不能混用)、镜头纸。

药品：无水乙醇、丙酮、蒸馏水、蔗糖溶液(若干浓度)。

【实验步骤】

(1)将丙酮滴在折射仪两个棱镜面上并用镜头纸擦拭干净，待丙酮挥发完后用滴管将蒸馏水直接滴在折射仪下部的折射棱镜面上进行测定，将读数记录在下述表格内。

(2)无水乙醇、丙酮折光率的测定同上。

【实验数据】

实验数据填入表 3-11。

表 3-11　各种物质折射率测定结果一览表

样品名称			
测定温度/℃			
所测折光率 n_D^t			
n_D^{20}[据式(1)计算]			

【思考题】

1.滴加样品时要注意什么？

2.每次测定前后为何要擦洗棱镜面？擦洗时应注意什么？

3.将实验温度下所测乙醇的折光率，换算为 20℃时折光率。

【附注】

2WA-J 单目镜阿贝折射仪的使用。

(一)折射定律和折光率

当一束光从一种各向同性的介质 a 进入另一种各向同性的介质 b 时，不仅光束会发生改变，如果传播方向不垂直于 a/b 界面，还会发生折射现象，如图 3-13 所示。根据史耐尔(Snell)折射定律，波长一定的单色光在温度、压力不变的条件下，其入射角 α_a 和折射角 β_b 与这两种介质的折光率 n_a(介质 a)，n_b(介质 b)成下列关系，即：

$$\frac{\sin\alpha_a}{\sin\beta_b}=\frac{n_b}{n_a} \text{ 或 } n_a\sin\alpha_a=n_b\sin\beta_b \tag{2}$$

如果介质 a 是真空，因规定 $n_{真空}=1$，故

$$n_b=\frac{\sin\alpha_{真空}}{\sin\beta_b}$$

n_b 称为介质 b 的绝对折光率。如果介质 a 为空气，则 $n_{空气}=1.000\ 27$(空气的绝对折光率)，因此

$$\frac{\sin\alpha_{真空}}{\sin\beta_b}=\frac{n_b}{n_{空气}}=\frac{n}{1.000\ 27}=n'_b$$

n'_b 称为介质 b 对空气的相对折光率。因为 n_b 与 n'_b 相差甚小，所以通常就以 n'_b 值作为介质的绝对折光率，但在精密测定时，必须校正之。

折光率以符号 n 表示，由于 n 与波长有关，因此在其右下角注以字母表示测定时所用单色光的波长，D、E、G、C…分别表示钠的 D(黄)线，氢的 F(蓝)线、G(紫)线、C(红)线等；另外，折光率又与介质温度有关，因而在 n 的右上角注以测定时的介质温度(摄氏温标)。例如 n_D^{20} 表示在 20℃时该介质对钠光 D 线的折光率。

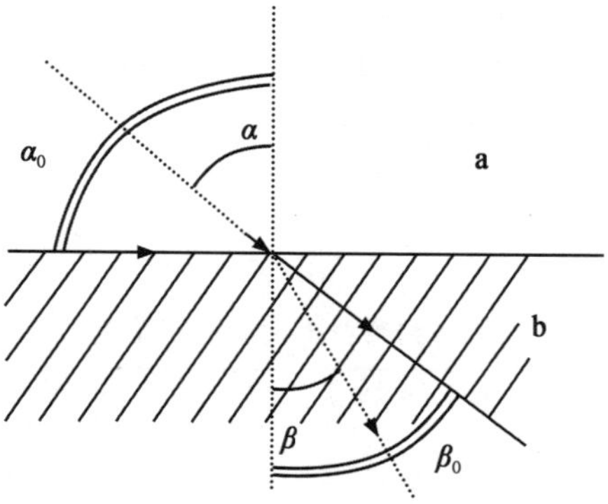

图 3-13　光束传播方向示意图

(二)阿贝折射仪测定液体介质折光率的原理

阿贝折射仪是根据临界角折射现象设计的,如图 3-14 所示。试样 m 置于测量棱镜(折射棱镜)P 的镜面 F 上,而棱镜的折光率 n_P 大于试样的折光率 n。如果入射光 I 正好沿着棱镜与试样的界面 F 射入,其折射光为 I',入射角 $\alpha_1=90°$,折射角为 β_0,此即称为临界角,因为再没有比 β_0 更大的折射角了。大于临界角的部分构成暗区,小于临界角的部分构成亮区。因此 β_0 具有特征意义,根据式(2)可得:

$$n=n_P\frac{\sin\beta_0}{\sin 90°}=n_P\sin\beta_0$$

显然,如果已知棱镜 P 的折射率 n_P,并且在温度、单色光波长都保持恒定值的实验条件下,测定临界角 β_0 就能算出被测试样的折射率 n。

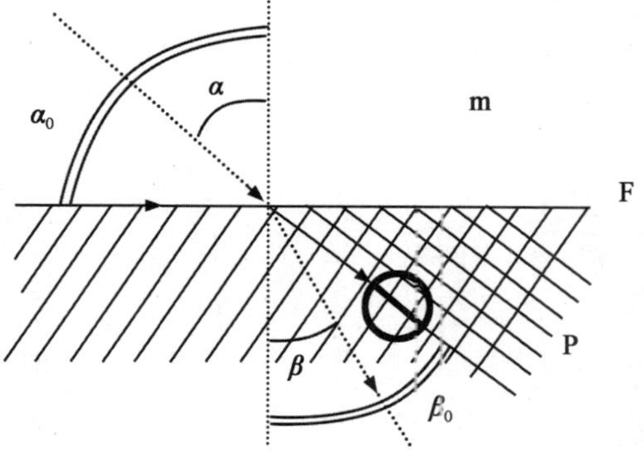

图 3-14 临界角示意图

(三)仪器结构

1. 光学部分

仪器的光学部分由望远系统与读数系统两个部分组成(图 3-15)。

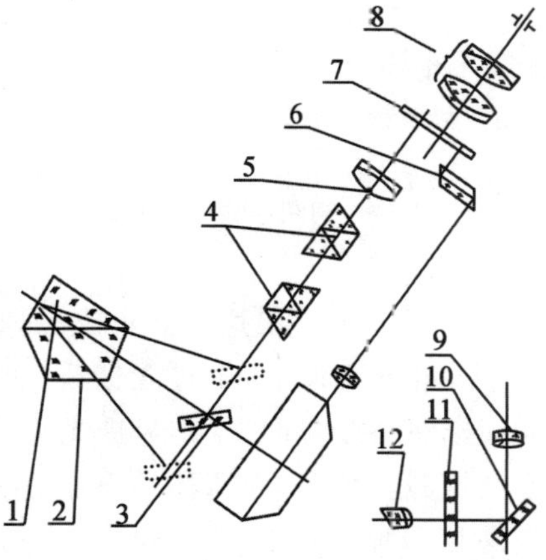

1—进光棱镜;2—折射棱镜;3—摆动反射镜;4—消色散棱镜;5—望远物镜;6—平行棱镜
7—分划板;8—目镜;9—读数物镜;10—反射镜;11—刻度板;12—聚光镜

图 3-15 阿贝(Abbe)折射仪光学部分示意图

进光棱镜(1)与折射棱镜(2)之间有一微小均匀的间隙,被测液体就放在此间隙内。当光线(自然光或白炽灯光)射入进光棱镜(1)时便在其磨砂面上产生漫反射时,使被测液层内有各种不同角度的入射光,经过折射棱镜(2)产生一束折射角均大于临界角 i 的光线。由摆动反射镜(3)将此束光线射入消色散棱镜组(4),此消色散棱镜组是由一对等色散阿米西棱镜组组成,其作用是获得一可变色散来抵消由于折射棱镜对不同被测物体所产生的色散。再由望远物镜(5)将此明暗分界线成像于分划板(7)上,分划板上有十字分划线,通过目镜(8)能看到如图 3-16 上半部所示的像。

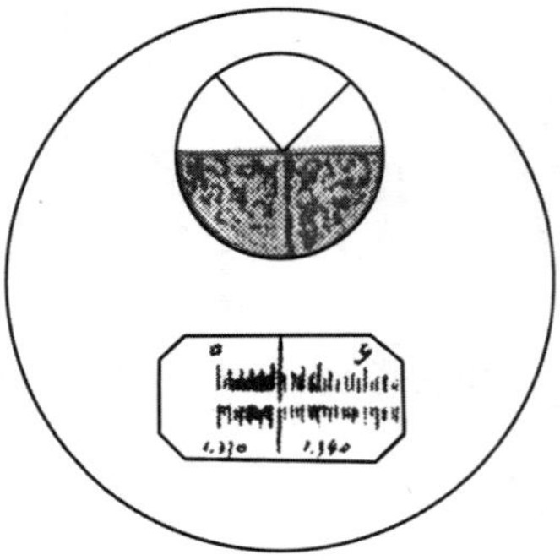

图 3-16 目镜内成像示意图

光线经聚光镜(12),照明刻度板(11),刻度板与摆动反射镜(13)连成一体,同时绕刻度中心作回转运动。通过反射镜(10),读数物镜(9),平行棱镜(6)将刻度板上不同部位折光率示值成像于分划板(7)上(见图 3-16 下半部所示的像)。

2. 结构部分(图 3-17 和图 3-18)

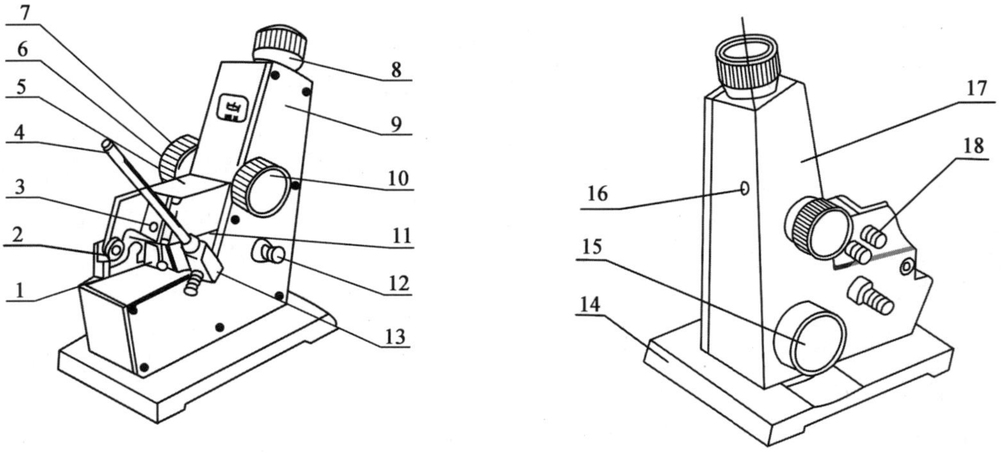

1—反射镜;2—转轴;3 —遮光板;4—温度计;5—进光棱镜座;6—色散调节手轮;7—色散值刻度圈;8—目镜;9—盖板;10—手轮;11—折射棱镜座;12—照明刻度盘聚光镜;13—温度计座

14—底座;15—刻度调节手轮;16—小孔;17—壳体;18—恒温器接头

图 3-17 阿贝折射仪结构图

底座(14)为仪器的支承座,壳体(17)固定在其上。除棱镜和目镜以外全部光学组件及主要结构封闭于壳体内部。棱镜组固定于壳体上,由进光棱镜、折射棱镜以及棱镜座等结构组成,两只棱镜分别用特种黏合剂固定在棱镜座内。(5)为进光棱镜座,(11)为折射棱镜座,两棱镜座由转轴(2)连接。进光棱镜能打开和关闭,当两棱镜座密合并用手轮(10)锁紧时,二棱镜面之间保持一均匀的间隙,被测液体应充满此间隙。(3)为遮光板,(18)为四只恒温器接头,(1)为温度计,(13)为温度计座,可用乳胶管与恒温器连接使用。(1)为反射镜,(8)为目镜,(9)为盖板,(15)为折光率刻度调节手轮,(6)为色散调节手轮,(7)为色散值刻度圈,(12)为照明刻度盘聚光镜。

(四)使用与操作方法

1. 准备工作

(1)在开始测定前,必须先用标准试样块校对读数(此步已由实验教师预先完成,学生不要随意动校正点)。对折射棱镜的抛光面加 1～2 滴溴代萘,再贴上标准试样块的抛光面,当读数视场指示于标准试样块上之值时,观察望远镜内明暗分界线是否在十字线中间,若有偏差则用螺丝刀微量旋转图 3-14 上小孔(16)内的螺钉,带动物镜偏摆,使分界线像位移至十字线中心。通过反复地观察与校正。使示值的起始误差降至最小(包括操作者的瞄准误差)。校正完毕后,在以后的测定过程中不允许随意再动此部位。

如果在日常的测量工作中,对所测的折光率示值有怀疑时,可按上述方法用标准试样进行检验,是否有起始误差,并进行校正。

(2)每次测定工作之前及进行示值校准时必须将进光棱镜的毛面,折射棱镜的抛光面及标准试样的抛光面,用无水乙醇与乙醚(1∶1)的混合液(或丙酮)和脱脂棉(或擦镜纸)轻擦干净,并使其挥发,以免留有其他物质,影响成像清晰度和测量精度。

2. 测试工作

(1)测定液体折光率。将被测液体用干净滴管加在折射棱镜表面,并将进光棱镜盖上,用手轮(10)锁紧,要求液层均匀,充满视场,无气泡。打开遮光板(3),合上反射镜(1),调节目镜视度,使十字线成像清晰,此时旋转手轮(15)并在目镜视场中找到明暗分界线的位置,再旋转手轮(6)使分界线不带任何彩色,微调手轮(15),使分界线位于十字线的中心,再适当转动聚光镜(12),此时目镜视场下方显示的示值下半部即为被测液体的折光率。

(2)测定蔗糖内糖量浓度。操作与测量液体折光率时相同,此时读数可直接从视场中示值上半部读出,即为蔗糖溶液含糖量浓度的百分数。

(3)测定易挥发液体折光率。对于易挥发液体,其操作与测量液体折光率时相同。此时应注意动作要迅速或者可在两棱镜接近闭合时,从棱镜侧面小孔中补加样品液体,然后闭合两棱镜,锁紧手轮。

(4)测定不同温度下液体的折光率。若需测定液体在不同温度时的折光率,将温度计旋入温度计座(13)中,接上恒温器的通水管,把恒温器的温度调节到所需测量温度,接通循环水,待温度稳定 10 min 后,即可测量。

【注释】

(1)仪器使用后,棱镜面应用丙酮和擦镜纸轻拭干净,做好清洁工作,再置于避光、干燥处,严禁用手直接触及光学零件(如棱镜面等部位)。

(2)滴加试样时,滴管末端勿接触棱镜面,要防止棱镜表面拉毛或受腐蚀。

(3)仪器应避免强烈振动或撞击。

(4)本实验中将用到大量擦镜纸,为确保实验室环境清洁,用过的废擦镜纸不可随意丢弃,应放在指定的位置。

实验十一　物质旋光度的测定

【实验目的】

了解旋光仪基本原理及正确使用方法。

【实验原理】

旋光仪是测定物质旋光度的仪器，可以分析有旋光性物质的浓度、纯度、糖度等，广泛应用于制糖、制药、食品、香料、化工等部门。

旋光度的测定：

在普通光线里，光波在垂直于它前进方向的任何可能的平面上振动，如将普通光线通过尼克尔(Nicol)棱镜，则得到只在平行平面上振动的偏振光。某些有机物因是手性分子，能使偏振光振动平面旋转的为右旋物质，使其向左旋转的为左旋物质，称为旋光性。使偏振光振动平面向右旋转(顺时针方向)。旋转的角度称为旋光度，通常用 α 表示，右旋用“+”表示，左旋用“−”表示。

测定旋光度的仪器叫旋光仪。基本结构如图 3-18 所示。

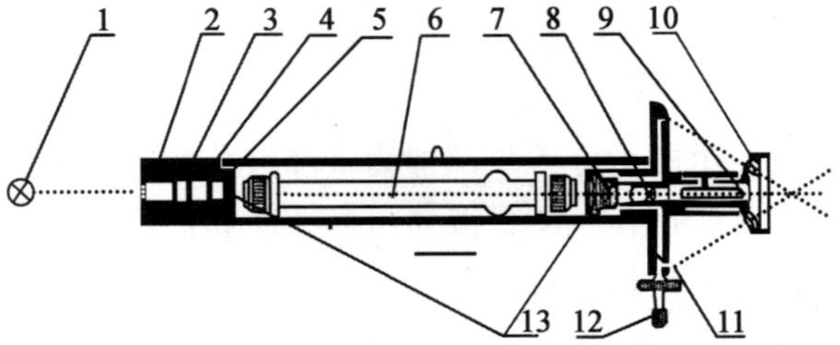

1—光源(钠光)；2—聚光镜；3—滤色镜；4—起偏镜；5—半波片；
6—试管；7—检偏镜；8—物镜；9—目镜；10—放大镜；
11—度盘游标；12—度盘转动手轮；13—保护片

图 3-18　仪器系统图

光线从光源经过固定不动的起偏镜，再经盛有旋光物质的旋光管，偏振光旋转一定角度，因此不能通过晶轴与起偏镜平行方向的检偏镜(尼克尔棱镜)，必须转动检偏镜(即改变其晶轴方向)，偏振光才能通过。而刻度盘与检偏镜是联动的，可由刻度盘上读出该物质在此浓度时的旋光度。

物质的旋光度与溶液的浓度(c)，温度(T)，旋光管长度(l)和所用光源的波长(λ)等都有关系。因此常用比旋光度$[\alpha]_\lambda^T$ 表示各物质的旋光性，通常规定 1 mL 含 1 g 旋光性物质的溶液，放在 1 dm(10 cm)长的旋光管中测得的旋光度为该物质的比旋光度。

$$溶液的比旋光度=[\alpha]_\lambda^T=\frac{\alpha}{l\cdot c}$$

若 c 为 100 mL 溶液中所含溶质的克数，则$[\alpha]_\lambda^T=\frac{\alpha}{l\cdot c}\times 100\%$

溶液的浓度为百分浓度时，也可以近似使用此公式

$$纯液体的比旋光度=[\alpha]_{\lambda}^{T}=\frac{\alpha}{l \cdot d}(d\ 为液体的密度)$$

【仪器和药品】

WXG-4 圆盘旋光仪、旋光管(1 dm、2 dm 各 1 支)、4 g/100 mL 葡萄糖溶液、0.1%氨水、4 g/100 mL 果糖溶液、擦镜纸。

【实验步骤】

读出仪器零点;测定 4 g/100 mL 葡萄糖溶液、4 g/100 mL 果糖溶液的旋光度同时给以校正,并计算各自比旋光度。

数据填入表 3-12。

表 3-12 数据记录与处理

样品名称	葡萄糖	果糖
溶液温度 t	℃	℃
样品管长度 l	dm	dm
溶液浓度 c	g/100 mL	g/100 mL
左旋(−)或右旋(+)		
仪器零点(°)		
旋光度 α(未用零点校正)		
旋光度 α(用零点校正后)		
比旋光度$[\alpha]_{D}^{t}$		

$$[\alpha]_{D}^{t}=\frac{\alpha}{l \cdot c}\times 100$$

【附注】

WXG-4 圆盘旋光仪使用方法。

1. 准备工作

(1)洗净样品管并润洗,把预测溶液盛入旋光管待测,使液面突出管口,迅速将玻片轻轻平推盖好。但应注意试管两端螺旋不能旋得太紧,以免护玻片产生应力而引起视场亮度发生变化,产生一种附加的偏振作用,影响测定准确度,尽量不要带入气泡,如有少量气泡可赶至鼓形部位,以免影响观测。并将两端残留溶液揩拭干净。

(2)接通电源,开启钠灯约 10 min,待完全发生钠黄光后才可观察使用。

(3)检验刻度盘零刻度位置是否正确(校正),并读出零点,要注意零点的正负。

2. 测定工作

(1)打开镜盖,把旋光管放入镜筒中测定,并应把镜盖盖上使旋光管有圆泡一端(鼓形部位)朝上,以便把气泡存入,不致影响观察和测定。

(2)调节视度螺旋(目镜焦距)至视场中三分视界清晰时止。

(3)轻轻转动刻度盘手轮,至视场照度三分视野相一致(暗视场)时止。

(4)从放大镜中读出刻度盘所旋转的角度。

注:校正可用空气,亦可用旋光管装蒸馏水读零点。

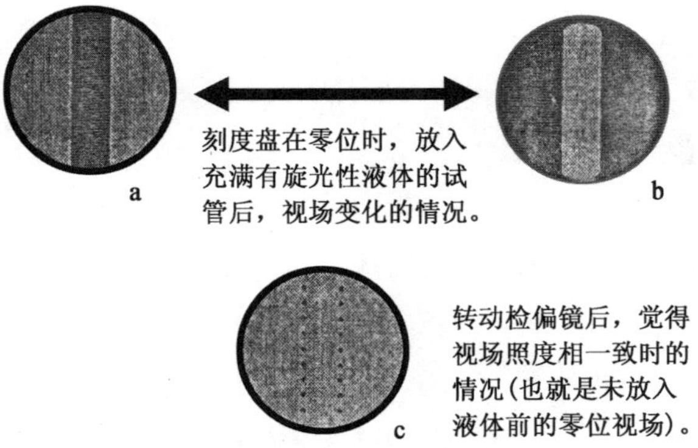

图 3-19　旋光仪三分视场示意图

仪器读数方法参照图 3-20。

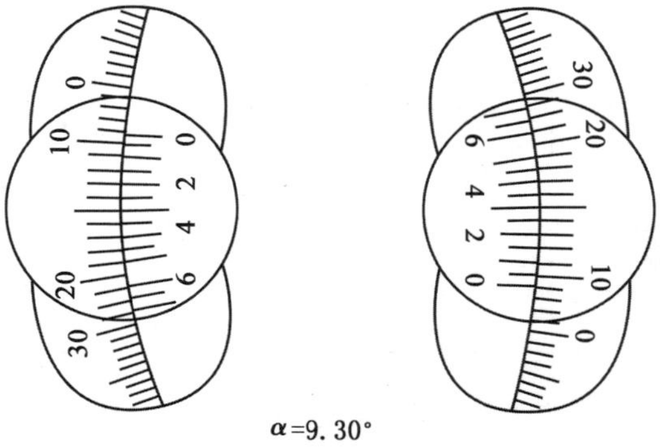

图 3-20　旋光仪刻度盘读数示意图

第三部分　性质与原理实验

实验十二　电解质的性质与胶体的制备和稳定性

【实验目的】

1. 弱电解质的解离平衡及其移动。
2. 了解缓冲溶液的配制及其性质。
3. 解盐类的水解反应及其水解平衡的移动。
4. 了解难溶电解质的多相离子平衡及溶度积规则。
5. 学习离心分离等基本操作以及 pH 试纸和酸度计的使用。
6. 学习胶体的制备方法。
7. 通过溶胶的聚沉作用，了解胶体溶液的稳定性。

【实验原理】

1. 弱电解质在溶液中的解离平衡及其移动

若 AB 为弱酸弱碱，则在水溶液中存在下列平衡

$$AB \rightleftharpoons A^+ + B^-$$

达到平衡时，未解离的分子的浓度与已解离成离子的浓度的关系为：

$$\frac{[A^+][B^-]}{[AB]} = K_a \text{ 或 } K_b$$

在此平衡体系中，若加入含相同离子的电解质，即增加(A^+)或(B^+)的浓度，则平衡向生成 AB 分子的方向移动，使弱电解质 AB 的解离度降低，这种效应叫做同离子效应。

2. 缓冲溶液

弱酸及其强碱盐或弱碱及其强酸盐的混合物，能在一定程度上对外来的酸或碱具有缓冲作用，即当外加少量酸、碱或稀释时，此混合溶液的 pH 变化不大，这种溶液叫做缓冲溶液。

3. 盐类的水解反应

盐类的水解反应是由组成盐类的离子和水电离出来的 H^+ 或 OH^- 作用，生成弱酸或弱碱的反应过程。水解反应往往使溶液显酸性或碱性。例如，弱酸强碱所生成的盐(如 NaAc)水解使溶液呈碱性，强酸弱碱所生成的盐(如 NH_4Cl)水解使溶液呈酸性，而对于弱酸弱碱所生成的盐的水解，则视生成的弱酸与弱碱的相对强度而定。例如，NH_4Ac 溶液几乎为中性，而 $(NH_4)_2S$ 溶液则呈碱性。通常水解后生成的酸或碱越弱，则盐的水解度越大。水解是吸热反应，加热可促进水解。

4.难溶电解质的多相离子平衡及溶度积规则

在难溶电解质的饱和溶液中，未溶解的固体和溶解后形成的离子间存在多相离子平衡，即沉淀溶解平衡。例如，在含有过量 PbI_2 的饱和溶液中，存在下列平衡：

$$PbI_2(s) \rightleftharpoons Pb^{2+}(aq) + 2I^-(aq)$$

$$K_{sp}(PbI_2) = [Pb^{2+}][I^-]^2$$

K_{sp}称溶度积常数，简称溶度积，它所表达的意义是指在一定温度下，难溶电解质的饱和溶液中，不论各种离子的浓度如何变化，其浓度以计量系数为幂的乘积为一常数。根据溶度积规则可以判断沉淀的生成和溶解。

例如：当$[Pb^{2+}][I^-]^2 > K_{sp}(PbI_2)$时，为过饱和溶液，有沉淀析出，直至饱和为止；当$[Pb^{2+}][I^-]_2 = K_{sp}(PbI_2)$时，为饱和溶液，达平衡状态，既不生成沉淀，沉淀也不溶解；

当$[Pb^{2+}][I^-]^2 < K_{sp}(PbI_2)$时，为不饱和溶液，无沉淀析出，若体系中尚有沉淀存在，沉淀将被溶解，直至饱和。

如果溶液中含有两种或两种以上的离子都能与加入的某种试剂（沉淀剂）反应生成难溶电解质沉淀时，沉淀的先后次序决定于所需沉淀剂离子浓度的大小，需要沉淀剂离子浓度较小的先沉淀，需要沉淀剂离子浓度较大的后沉淀，这种先后沉淀的现象叫做分步沉淀。例如，往含有 Cu^{2+} 和 Cd^{2+} 的混合溶液中（若两种离子浓度相差不大）加入少量沉淀剂 Na_2S，由于 $K_{sp}(CuS) \ll K_{sp}(CdS)$，$Cu^{2+}$ 与 S^{2-} 的浓度乘积将先达到 CuS 的 K_{sp}，则黑色 CuS 先沉淀析出，继续加入 Na_2S，直到$[Cd^{2+}][S^{2-}] > K_{sp}(CdS)$时，黄色 CdS 才沉淀析出。

使一种难溶电解质转化为另一种难溶电解质，即把一种沉淀转化为另一种沉淀的过程，叫做沉淀的转化。一般来说，K_{sp}较大的难溶电解质容易转化为 K_{sp}较小的难溶电解质。

5.胶体的制备与稳定性

颗粒直径为 1～100 nm 的分散质分散到分散剂中，构成的多相系统称为胶体。溶胶的制备有两种方法：一是分散法，将分散质大颗粒破坏或研磨，使其粒子大小达到胶体分散系的要求；二是凝聚法，将分散质分子、原子或离子通过一定的方法聚集在一起，使其粒子大小达到胶体分散系的要求。分散度高和多相是溶胶的基本特征。

溶胶具有动力学稳定性和聚结稳定性，前者是因为溶胶粒子具有强烈的布朗运动，使其能抵抗重力的作用而不沉淀；后者是因为胶粒带有符号相同的电荷，彼此之间因产生静电排斥而阻止了胶粒的聚结合并，此外，胶团中的电位离子和反离子都能发生溶剂化作用，形成具有一定强度和弹性的溶剂化膜，阻隔了胶粒的聚结合并。例如，AgI 负溶胶的胶团结构式为：

$$\underbrace{\underbrace{[\underset{\text{胶核}}{(AgI)_m} \cdot \underset{\text{电位离子}}{nI^-} \cdot \underset{\text{反离子}}{(n-x)K^+}]}_{\text{胶粒}}{}^{x-} \cdot \underset{\text{反离子}}{xK^+}}_{\text{胶团}}$$

溶胶的稳定性是相对的，使溶胶聚沉的方法很多，其中最重要的方法是在溶胶系统中加入强电解质。电解质对溶胶的聚沉作用取决于与胶粒所带电荷符号相反的离子，而且与其所带电荷的多少有关。一般来说，离子电荷越高，对溶胶的聚沉能力就越强。聚沉能力可用聚沉值来表示：使一定量的溶胶开始聚沉所需电解质的最低浓度（单位为 mmoL/L）称为聚沉值，可见聚沉值越小，表明电解质的聚沉能力越强。

【仪器和药品】

1.仪器

试管、试管夹、离心试管、玻璃棒、烧杯（50 mL、100 mL）、量筒（10 mL）、酸式和碱式滴定管、100 mL 锥形瓶（2 个）、酒精灯、铁架台、离心机、酸度计。

2.药品

固体药品：NH_4Cl，（无水）NaAc。

液体药品：0.1 mol/L HAc，0.1 mol/L HCl，0.1 mol/L NaOH，0.1 mol/L 和 0.2 mol/L $NH_3 \cdot H_2O$，0.01 mol/L 和 0.1 mol/L $AgNO_3$，0.1 mol/L $Al_2(SO_4)_3$，0.05 mol/L $AlCl_3$，0.1 mol/L $CdCl_2$，0.1 mol/L $CuSO_4$，0.1 mol/L K_2CrO_4，0.01 mol/L 和 0.1 mol/L KI，0.05 mol/L、0.1 mol/L $MgCl_2$，1 mol/L NaAc，0.05 mol/L 和 0.1 mol/L 及 1 mol/L NaCl，0.1 mol/L Na_2CO_3，0.1 mol/L Na_2S，0.1 mol/L $Pb(NO_3)_2$，0.1%甲基橙，1%酚酞。

材料：pH 试纸。

【实验内容】

1.弱电解质溶液中的解离平衡常数及其移动

（1）往试管中加入 2 mL 0.1 mol/L $NH_3 \cdot H_2O$ 溶液，再滴入 1 滴酚酞指示剂，观察溶液显什么颜色，然后将此溶液分盛于两支试管中，往一支试管中加入一小勺固体 NH_4Ac，振荡使之溶解，观察溶液的颜色，并与另一支试管中的溶液相比较。

（2）往试管中加入 2 mL 0.1 mol/L HAc 溶液，再滴入 1 滴甲基橙指示剂，观察溶液显什么颜色，然后将此溶液分盛于两支试管中，往一支试管中加入一小勺固体 NH_4Ac，振荡使之溶解，观察溶液的颜色，并与另一支试管中的溶液相比较。

根据以上实验指出同离子效应对解离度的影响。

2.缓冲溶液的配制和性质

（1）往两支试管中各加入 3 mL 蒸馏水，用 pH 试纸测定其 pH，并往其中一支试管中加入 5 滴 0.1 mol/L HCl，往另一支试管中加入 5 滴 0.1 mol/L NaOH，测定它们的 pH。

（2）往一支小烧杯中加入 1 mol/L NaAc 和 1 mol/L HAc 溶液各 5 mL，用玻璃棒搅匀，配制成 HAc—NaAc 缓冲溶液，用 pH 试纸测定其 pH。

另取三支试管，各加入此缓冲溶液 3 mL，然后往其中一支试管加入 5 滴 0.1 mol/L HCl，往另一支试管中加入 5 滴 0.1 mol/L NaOH，往第三支试管中加入蒸馏水 5 滴，再用 pH 试纸分别测定它们的 pH，与原来的缓冲溶液的 pH 比较，pH 是否有变化？

以上（1）（2）实验测 pH 时亦可用酸度计（若使月酸度计测量，须将试剂用量增大 5 倍以上）。

比较（1）（2）的实验情况，并总结缓冲溶液的特性。

3.盐类的水解

（1）往一支试管中加入少量无水 NaAc 固体及 4 mL 水，振荡试管使 NaAc 溶解，再滴入 1 滴酚酞指示剂，然后将此溶液分盛于两支试管中，将其中的一支试管中的溶液加热至沸，比较两支试管中溶液的颜色，并简单加以解释。

(2)取两支试管,往其中一支试管中加入 2 mL 0.1 mol/L Na_2CO_3,往另一支试管中加入 2 mL 0.1 mol/L $Al_2(SO_4)_3$,先用 pH 试纸分别测定其 pH,然后混合,观察有何现象?写出反应的离子方程式。

4. 沉淀的生成和分步沉淀

(1)往试管中加入 10 滴 0.1 mol/L$AgNO_3$ 溶液,再逐滴加入 5 滴 0.1 mol/L K_2CrO_4 溶液,观察沉淀的生成和颜色。另取一支试管,同上操作,用 0.1 mol/L NaCl 溶液代替 0.1 mol/L K_2CrO_4 溶液,观察沉淀的生成和颜色,废液勿弃。根据溶度积规则说明沉淀产生的原因。

废液的处理(必做):将上述两支试管中各加入 1 mL 1 mol/L NaCl 静置数分钟,倒入指定的 Ag^+ 废液回收瓶中。Ag 是贵金属且 Ag^+ 又会污染环境,所以必须回收。

(2)往离心试管中加入 6 滴 0.1 mol/L NaCl 溶液和 2 滴 0.1 mol/L K_2CrO_4 溶液,稀释至 2 mL,摇匀后逐滴加入 4~6 滴 0.1 mol/L $AgNO_3$ 溶液(边滴边摇)。离心沉降后,观察生成的沉淀的颜色(注意沉淀和溶液颜色的差别)。

再往清液中滴加数滴 0.1 mol/L $AgNO_3$ 溶液会出现什么颜色的沉淀?试根据沉淀颜色的变化(并通过有关溶度积的计算)判断哪一种难溶物先沉淀(将废液、废渣回收)。

(3)取一支离心试管,加入 3 滴 0.1 mol/L $CuSO_4$ 溶液和 6 滴 0.1 mol/L $CdCl_2$ 溶液,稀释至 2 mL,摇匀后逐滴加入数滴 0.1 mol/L Na_2S 溶液,观察先生成的沉淀是黄色还是黑色?离心沉降后,再往清液中滴加数滴 0.1 mol/L Na_2S 溶液,观察出现什么颜色的沉淀?废液勿弃,做后面的处理。试根据有关溶度积的数据予以解释。

废液的处理(必做):加 0.5 mL NaOH,并加入 Na_2S 至无新的沉淀生成为止,再多加 0.5 mLNa_2S,静置 10 min,倒入指定容器。

5. 沉淀的溶解和转化

(1)往试管中加入 2 mL 0.1 mol/L $MgCl_2$ 溶液,并滴入数滴 2 mol/L 氨水溶液,观察沉淀的生成。再向此溶液中加入少量 NH_4Cl 固体,摇荡,观察原有沉淀是否溶解?用离子平衡移动的观点解释上述现象。

(2)取一支离心试管,加入 0.1 mol/L $Pb(NO_3)_2$ 和 1 mol/L NaCl 溶液各 10 滴,离心分离,弃去清液,往沉淀中滴加 0.1 mol/L KI 溶液并剧烈搅拌,观察沉淀颜色的变化。说明原因并写出有关反应方程式。

废弃物的处理(必做):加入 0.5 mL NaOH 溶液和 2 mL Na_2S 溶液,搅拌后,静置 10~20 min,倒入指定容器。

6. AgI 溶胶的制备(选做)

AgI 难溶于水,当 $AgNO_3$ 溶液与易溶于水的 KI 混合时应析出沉淀。但当这两种溶液其中之一过剩时,则不会产生沉淀,而是形成溶胶。若 KI 过量则得负性的溶胶;若 $AgNO_3$ 过量则得正性的溶胶,其胶团结构分别为:

$$[(AgI)_m \cdot nI^- \cdot (n-x)K^+]^{x-} \cdot xK^+$$

$$[(AgI)_m \cdot nAg^+ \cdot (n-x)NO_3^-]^{x+} \cdot xNO_3^-$$

用移液管(或滴定管)取 8 mL 0.01 mol/L 的 $AgNO_3$ 溶液,注入到 100 mL 锥形瓶中,然后用移液管(或滴定管)把 0.01 mol/L 的 $AgNO_3$ 溶液 4 mL 慢慢滴入,制得负性的 AgI 溶胶(A)。

按上法用移液管取 8 mL 0.01 mol/L 的 $AgNO_3$ 溶液于另一只锥形瓶中，用移液管（或滴定管）慢慢加入 4 mL 0.01 mol/L KI 溶液，制得正性的 AgI 溶胶（B）。

将制得的溶胶按以下方式混合，并观察混合后的现象，溶胶颜色的变化，说明稳定性的程度和原因（表 3-13）。

表 3-13　AgI 溶胶实验记录

试管编号	1	2	3
A 溶胶/mL	1	2	5
B 溶胶/mL	4	3	0
溶胶的颜色			
稳定性			

7. 溶胶的聚沉（选做）

取 AgI 负溶胶 3 mL，均等地分装在三个试管中，边振荡边分别往各个试管中滴入不同的电解质溶液，依次为 0.05 mol/L 的 NaCl、$MgCl_2$ 和 $AlCl_3$，直到聚沉现象出现为止，准确地记下每种电解质溶液引起溶胶聚沉所需的量，试解释三种电解质聚沉值的大小与其阳离子所带电荷的关系。

【思考题】

1. 同离子效应对弱电解质的电离度及难溶电解质的溶解度各有什么影响？
2. 如何配制缓冲溶液？并试验其缓冲性质？
3. 水解和电离的区别何在？Na_2CO_3（Na_2S）和 $Al_2(SO_4)_3$ 溶液能反应的原因何在？如何证明产生的白色沉淀是 $Al(OH)_3$ 而不是 $Al_2(CO_3)_3$（或 Al_2S_3）？
4. 什么叫做分步沉淀？试根据溶度积规则计算本实验 5(2)，(3)中沉淀先后的次序。
5. 如何进行沉淀和溶液的分离？在离心分离操作中有哪些注意之处？

【附注】

pHS-3C 酸度计的使用。

1. 使用前的准备

将玻璃电极、甘汞电极插在电极夹上，把电极夹装在电极立杆上，玻璃电极插头插入电极插口上，甘汞电极引线连接在接线柱上（甘汞电极使用时，请把电极上的小橡皮塞及下端橡皮套拔去，在不用时，应把橡皮套套在下端，橡皮塞塞上）。

2. 标定

(1)将仪器电源插头接入 220 V 交流电源，按下电源按钮，预热 20 min，将选择开关置 pH 档。"斜率"旋钮按顺时针方向旋到底（100％处），"温度"旋钮置所选择标准缓冲液的温度。

(2)用被测溶液 pH 相近的缓冲溶液直接标定，将电极浸入选定的标准缓冲溶液中，示值稳定后，用定位旋钮调至该标准缓冲溶液在额定温度下的标准 pH 即可。

3. 样品溶液 pH 的测量

经标定后，仪器即可进行样品溶液 pH 的测量。在测量前，先将电极用蒸馏水清洗，并用滤纸吸干，然后将电极放入样品溶液，所显示值即为样品的 pH（注意，此时"温度"旋钮应置于样品溶液温度，其他旋钮不能再动，否则需重新标定）。

实验十三　氧化还原反应与电化学

【实验目的】

1. 试验并掌握电极电势、介质和反应物浓度对氧化还原反应的影响。
2. 定性观察并了解氧化态或还原态浓度的变化对电极电势的影响。
3. 试验并了解电解反应，了解原电池的装置及氧化还原与电子移动的关系。
4. 学习用 PHS-3C 型酸度计的 mV 部分粗略测量原电池电动势的方法。

【实验原理】

所有的化学反应可被划分为两类：一类是氧化还原反应；另一类是非氧化还原反应。并且把像这样一类有电子转移（或得失）的反应称为氧化还原反应。在电池中自发的氧化还原反应把化学能转化为电能。相反，在电解池中电能将迫使非自发的氧化还原反应得以进行，并将电能转化为化学能。

同一元素的两种不同氧化态可以组成电对，其电极电对反应为：$O+ne \rightleftharpoons R$ 此电极电势可用能斯特(Nernst)方程表示：

$$E=E^{\ominus}+\frac{RT}{nF}\ln\frac{[O]}{[R]}$$

式中，$E^{\ominus}$ 为标准电极电势，[O]、[R]分别为电极反应中，氧化态和还原态物质的摩尔浓度；R 为气体常数，T 为绝对温度，F 为法拉第常数。电极电势的大小反映电极中氧化态物质或还原态物质得失电子的能力。电势越高电对中氧化态得电子能力越强，即氧化力越强。反之，电势越低，还原态失电子能力越强，即还原力越强。因此，电势高的电对中的氧化态可与电势低的电对中的还原态之间发生电子的移动，即氧化还原反应。而电极电势的大小及符号除了由元素的本质决定之外，还与浓度、温度等条件有关，若电极反应中有 H^+ 或 OH^- 参加，则还与酸度有关。若将两个电极用导线连接，并且将两电极分别放入相应溶液中，即可组成原电池，其电池电动势为：$E=E^+-E^-$。

金属和金属制品在使用和放置过程中，由于环境中的水汽、氧气和酸性氧化物的影响，金属会发生缓慢氧化，逐渐变成氧化物、氢氧化物和各种金属盐的混合物，金属本身遭到破坏，这类现象称为金属的腐蚀。例如，铜上长"铜绿"，铝制品上长"毛"和钢铁生锈等。这些腐蚀中许多都属于电化学腐蚀。电化学腐蚀是金属与其环境中其他物质形成微电池，金属作为阳极发生氧化而被破坏。这种情况尤以钢铁的被腐蚀为最严重。通常金属防腐都是从如何不让微电池形成，或一旦形成微电池让被保护金属作为阴极使其免于被腐蚀。常用的金属防腐的方法是：①用保护层防腐；②牺牲阳极保护法；③阴极电保护法；④钝化保护法；⑤加缓蚀剂保护；⑥提高金属本身的抗腐蚀能力。研究防腐是很有意义的，因为据不完全统计，世界上每年报废的金属制品绝大部分是因腐蚀造成的，其质量几乎占了金属年产量的 1/3，防腐相当于提高了金属产量。当然，如果能研制出性能与金属近似，而又不会腐蚀的新材料则意义更加重大。

本实验采用 pHS-3C 型酸度计的 mV 部分测量原电池的电动势。原电池电动势的精密测量用电位差计，而不能用一般的伏特计。因为伏特计与原电池接通后，有电流通过伏特计引起原电池发生氧化还原反应。另外，由于原电池本身有内阻，放电时产生内压降。伏特计所测得的端电压，仅是外电路的电压，而不是原电池的电动势。用 pHS-3C 型酸度计与原电池接通后，由于酸度计的 mV 部分具有高阻抗，使测量回路中通过的电流极小，原电池的内压降近似为零，所测得的外电路的电压降可近似作为原电池的电动势。因此，可用酸度计的 mV 部分粗略地测定原电池的电动电势。

【仪器和药品】

仪器：pHS-3C 型酸度计、铜电极、锌电极、烧杯（50 mL，4 个）、量筒（25 mL）、试管、表面皿、铁架台、铁夹、石棉网。

材料：砂纸、pH 试纸、红石蕊试纸、铜片、锌片、盐桥（含饱和氯化钾的）、导线。

药品：

酸：浓 HCl、HNO_3（浓、2 mol/L）、H_2SO_4（3 mol/L）。

碱：NaOH（6 mol/L、40%）、浓氨水。

盐：$Pb(NO_3)_2$（0.5 mol/L）、$CuSO_4$（0.5 mol/L、0.005 mol/L）、KI（0.1 mol/L）、$FeCl_3$（0.1 mol/L）、KBr（0.1 mol/L）、$FeSO_4$（0.1 mol/L）、$ZnSO_4$（1.0 mol/L）、Na_2SO_3（0.1 mol/L）、$KMnO_4$（0.01 mol/L）、$NH_4Fe(SO_4)_2$（0.1 mol/L）、$(NH_4)_2SO_4$ $FeSO_4$（0.1 mol/L）、NH_4F（10%）。

其他：CCl_4 溶液、碘水、溴水、石灰乳。

固体药品：Zn 粒、Pb 粒。

【实验步骤】

1. 电极电势与氧化还原反应

（1）在分别盛 2 mL $Pb(NO_3)_2$ 溶液（0.5 mol/L）和 $CuSO_4$ 溶液（0.5 mol/L）的试管中，各放入一粒 Zn 粒，观察 Zn 粒表面和溶液颜色有无变化？以表面擦净的 Pb 粒代替 Zn 粒，分别与 $ZnSO_4$ 溶液（0.5 mol/L）和 $CuSO_4$ 溶液（0.5 mol/L）反应，观察有无变化？将用过的锌粒、铅粒分别放入指定的回收容器中，废液倒入指定容器，严禁将锌粒、铅粒和废液随意处置。根据实验结果，确定 Pb^{2+}/Pb、Zn^{2+}/Zn、Cu^{2+}/Cu 的电极电势的高低顺序。

（2）往试管中加入 0.5 mL KI 溶液（0.1 mol/L）和 2 滴 $FeCl_3$ 溶液（0.1 mol/L），摇匀后注入 0.5 mL CCl_4 充分振荡。观察 CCl_4 层颜色有无变化？用 KBr 溶液（0.1 mol/L）代替 KI 溶液进行同样的实验，反应能否发生，为什么？根据实验结果，定性比较 Br^-/Br、I^-/I、Fe^{2+}/Fe^{3+}，三个电对电极电势的相对高低。并指出哪个物质是最强的氧化剂，哪个物质是最强的还原剂？

（3）分别用碘水和溴水与 $FeSO_4$ 溶液（0.1 mol/L）反应，观察 CCl_4 层有无变化？具体步骤如下：取 2 支试管均加入 0.5 mL 溴水，一支做对照加 0.5 mL 水和 0.5 mL 四氯化碳并充分振荡，另一支加入 0.5 mL $FeSO_4$ 溶液摇匀后再加 0.5 mL 四氯化碳并充分振荡，观察并对比二支试管四氯化碳层。用碘水代替溴水进行同样实验。

根据上面三个实验的结果说明电极电势与氧化还原反应方向的关系。

2. 浓度和酸度对氧化还原产物的影响

（1）往两个各盛一粒锌粒的试管中分别加入 2 mL 浓 HNO_3 溶液和稀 HNO_3 溶液（2 mol/L）。观察所发生的现象（回收锌粒，溶液留后面实验用）。它们的反应产物有何不同？浓 HNO_3 被还原后的主要产物可通过观察气体颜色来判断。稀 HNO_3 的还原产物可用检验

溶液中是否有 NH_4^+ 生成的办法来确定。

提示：此实验中浓 HNO_3 与锌粒反应放出难闻的有毒气体，可由指导教师指定一组同学做此实验（浓 HNO_3 与锌粒反应），其余同学观察并各自做稀 HNO_3 与锌粒反应实验。此实验应在通风条件良好的情况下进行，反应观察后，必须立即往浓 HNO_3 与锌粒反应试管中迅速加入 3～5 mL 自来水，并加入 1～2 mL NaOH 溶液（6 mol/L 或 40%）。

气室法检验 NH_4^+：将 5 滴被检验溶液（稀 HNO_3 与锌粒反应后的溶液）滴入一大表面皿中心，再加 3 滴 NaOH 溶液（6 mol/L 或 40%）混匀。在另一较小的表面皿的中心黏附一小条湿的红色石蕊试纸（或酚酞试纸），把它盖在大的表面皿上做成气室。将此气室放在水浴上微热 2 min，若石蕊试纸（酚酞试纸）变成蓝色则表示有 NH_4^+ 存在。

（2）在 3 支试管中，各加入 0.5 mL Na_2SO_3 溶液（0.1 mol/L），在第一支试管中加入 1 mL H_2SO_4 溶液（2 mol/L），第二支试管中加入 0.5 mL 水，第三支试管中加入 0.5 mL NaOH 溶液（6 mol/L）。然后往 3 支试管中各加几滴 $KMnO_4$ 溶液（0.01 mol/L），观察反应产物有何不同？写出反应方程式。

3. 浓度对氧化还原方应方向的影响

Fe^{3+} 与 I^- 发生如下反应：$2Fe^{3+} + 2I^- \rightleftharpoons 2Fe^{2+} + I_2$

a. 往盛有 1 mL 水和 0.5 mL CCl_4 的试管中，加入 1 mL $NH_4Fe(SO)_2$ 溶液（0.1 mol/L），再加入 1 mL KI 溶液（0.1 mol/L）。充分振荡后观察 CCl_4 层的颜色（振荡时最好能塞上橡皮塞并按紧）。

b. 往盛有 1 mL $(NH_4)_2SO_4$ $FeSO_4$ 溶液（0.1 mol/L）和 0.5 mL CCl_4 的试管中加入 1 mL $NH_4Fe(SO_4)_2$ 溶液（0.1 mol/L），再加入 1 mL KI 溶液（0.1 mol/L）。反复而充分地振荡（振荡方法与 a 同）后观察 CCl_4 层的颜色与上面实验中的 CCl_4 层的颜色有无变化？

c. 往盛有 1 mL $NH_4Fe(SO_4)_2$ 溶液（0.1 mol/L）和 1 mL KI 溶液（0.1 mol/L）的试管中，加入 0.5 mL CCl_4，振荡（振荡方法与 a 同）后观察 CCl_4 层的颜色；再往试管中加入 1 mL NH_4F 溶液（10%），用力振荡（振荡方法与 a 同）试管，观察 CCl_4 层的颜色（废液勿弃）。用化学平衡移动的观点解释。

废液的处理（必做）：此实验废液中含 F^- 浓度较高，毒性较大，对环境污染较大，在试管中再加入已消化的石灰乳（若石灰乳已分层可在用前摇匀）3 mL，并静置 10～30 min，然后倒入指定的含 F^- 废液处理回收容器中。生成 CaF_2 晶体在过夜后，可由教师按规定处理。

4. 浓度对电极电势的影响（选做内容）

（1）测定 Zn^{2+} 溶液（1.0 mol/L）中的 $\varphi(Zn^{2+}/Zn)$ 值：测 $\varphi(Zn^{2+}/Zn)$ 值用作进一步测定 $\varphi(Cu^{2+}/Cu)$ 的依据。在 50 mL 烧杯中倒入 25 mL$ZnSO_4$ 溶液（1.0 mol/L），插入锌棒，使之与甘汞电极组成原电池。将甘汞电极与酸度计的“＋”极相连，锌电极与“－”极的接续器相连，测定原电池的电动势 E_1，已知饱和甘汞电极的 $\varphi^{\ominus}$（甘汞）＝0.241 5 V，求 $\varphi(Zn^{2+}/Zn)$ 的值。虽然实验所用为 $ZnSO_4$ 溶液（1.0 mol/L），但由于活度系数等因素的影响，所得 φ 值并非 －0.763 V。

（2）测定 Cu^{2+} 溶液（0.005 mol/L）的 $\varphi(Cu^{2+}/Cu)$，并求出 $\varphi^{\ominus}(Cu^{2+}/Cu)$ 值：用（1）中插入锌棒的 25 mL Zn^{2+} 溶液（1.0 mol/L）与另一 50 mL 烧杯中插有铜片的 25 mL $CuSO_4$ 溶液（0.005 mol/L）组成原电池，以含 KCl 饱和溶液的琼脂为盐桥，同样用酸度计的 mV 档测定这一原电池的电动势 E_2。由上面所测得的 $\varphi(Zn^{2+}/Zn)$ 和 E_2 值，可求得 $\varphi(Cu^{2+}/Cu)$ 值。

$c(Cu^{2+})$已知，由 $\varphi(Cu^{2+}/Cu)$值可求得 $\varphi(Cu^{2+}/Cu)$值。

【思考题】

1. 通过本实验你能归纳出哪些因素影响电极电势？怎样影响？

2. $KMnO_4$ 与 Na_2SO_3 溶液进行氧化还原反应时，在酸性、中性和碱性介质中的产物各是什么？

3. 如何将 $2KMO_4+Na_2SO_3+3H_2SO_4 \rightleftharpoons 2MnSO_4+K_2SO_4+Na_2SO_4+3H_2O$?

【附注】

PHS-3C 型酸度计的使用详见实验：醋酸的电离度及电离常数的测定。

实验十四　配合物的形成与性质

【实验目的】

1. 了解配合物形成时几种性质的改变。

2. 利用配合物的形成、分离和鉴定溶液中可能存在的几种金属离子。

【实验原理】

1. 配合物和配离子的形成

由一个简单的正离子与一个或多个其他中性分子或负离子以配位键结合而形成的复杂离子叫做配离子。带有正电荷的配离子叫做正配离子，带有负电荷的配离子叫做负配离子，含有配离子的化合物叫配位化合物，简称配合物。

2. 配离子的配合-离解平衡

配离子在水溶液中存在配合和离解的平衡，例如$[Cu(NH_3)_4]^{2+}$在水溶液中存在：

$$Cu^{2+}+4NH_3 \rightleftharpoons [Cu(NH_3)_4]^{2+}$$

$$K^{\ominus}_{稳}=\frac{C[Cu(NH_3)_4]^{2+}}{C(Cu^{2+})C^4(NH_3)} \qquad K^{\ominus}_{不稳}=\frac{1}{K^{\ominus}_{稳}}=\frac{C(Cu^{2+})\cdot C^4(NH_3)}{C[Cu(NH_3)_4]^{2+}}$$

$K^{\ominus}_{稳}$即稳定常数$K^{\ominus}_{f}$，$K^{\ominus}_{不稳}$即离解常数（不稳定常数）$K^{\ominus}_{d}$ 或 $K^{\ominus}_{i}$。配离子在水溶液中或多或少地离解成简单离子，$K^{\ominus}_{稳}$越大，配离子越稳定，离解的趋势越小。在配离子溶液中加入某种沉淀剂或某种能与中心离子配合形成更稳定的配离子的配位剂时，配位平衡将发生移动，生成沉淀或更稳定的配离子。

3. 螯合物

螯合物是中心离子与配位体形成环状结构的配合物。很多金属离子的螯合物具有特征的颜色，并且难溶于水，易溶于有机溶剂，因此常用于实验化学中鉴定金属离子，如Ni^{2+}离子的鉴定反应就是利用离子与丁二酮肟在弱酸性条件下反应，生成玫瑰红色物质。

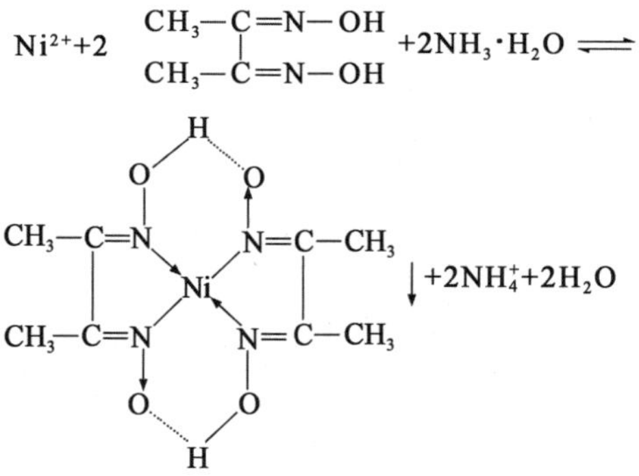

【仪器和药品】

$CuSO_4$(0.1 mol/L)；$NH_3\cdot H_2O$(2.0 mol/L)；$HgCl_2$(0.1 mol/L)；KI(0.1 mol/L)；$NiSO_4$(0.1 mol/L)；$NH_3\cdot H_2O$(6.0 mol/L)；Na_2S(0.1 mol/L)；NaOH(0.1 mol/L)；EDTA(0.1 mol/L)；H_2SO_4(1 mol/L)；$SnCl_2$(0.1 mol/L)；$FeCl_3$(0.1 mol/L)；KSCN(0.1 mol/L)；CCl_4；NH_4F(4 mol·L)；$AgNO_3$(0.1 mol/L)；Na_2CO_3(0.1 mol/L)；NaCl(0.1 mol/L)；KBr(0.1 mol/L)；NaS_2O_3(1 mol/L)；$Na_2S_2O_3$(0.1 mol/L)；$Ni(NO_3)_2$(0.1 mol/L)；丁二酮肟

(1%);$FeSO_4$(0.1 mol/L);$CaCl_2$(0.1 mol/L)$_3$。

【实验步骤】

1.配合物的制备

(1)含正配离子的配合物,往试管中加入几滴 $CuSO_4$ 溶液(0.1 mol/L),不断滴加 $NH_3 \cdot H_2O$ 溶液(2.0 mol/L),直至生成的沉淀溶解为止,观察溶液的颜色变化?写出反应方程式(液体留下,供下面实验使用)。

(2)含负配离子的配合物,往试管中加入 2 滴 0.1 mol/L $HgCl_2$ 溶液(有毒),逐滴加入 0.1 mol/L KI 溶液,边加边摇,直到生成的沉淀完全溶解为止,观察沉淀及溶液的颜色变化(废液必须处理),写出反应离子方程式。

废液处理步骤(必做):

加 6.0 mol/L NaOH 2 滴,再加入 0.1 mol/L Na_2S 1 mL 和 0.1 mol/L $FeSO_4$ 0.5 mL,静置 10 min 后倒入指定容器。

2.配离子的离解与转化

a.把步骤 1(1)所得的$[Cu(NH_3)_4]SO_4$ 溶液分装在 4 支试管中,分别加入 2 滴 0.1 mol/L Na_2S 溶液(第一支试管)、2 滴 0.1 mol/L NaOH 溶液(第二支试管)、3~5 滴 0.1 mol/L EDTA 溶液(第三支试管)及数滴 2.0 mol/L H_2SO_4 溶液(第四支试管),观察沉淀的形成和溶液颜色的变化。解释现象,写出离子反应方程式。

b.取两支试管,在一支试管中加入 4 滴 0.1 mol/L $FeCl_3$ 溶液和 2 mL 水,再加入 1 滴 0.1 mol/L KSCN 溶液,在另一支试管中加入 4 滴 $K_3[Fe(CN)_6]$溶液和 2 mL 水。然后往上述两支试管中各加入 2~4 滴 6.0 mol/L NaOH 溶液,观察现象。

c.往一支试管中加入 0.5 mol/L $CuCl_2$ 溶液逐滴加入浓 HCl,观察溶液颜色的变化,然后再逐滴加水稀释,观察现象。

d.往试管中加入 2 滴 0.1 mol/L $FeCl_3$ 溶液,加蒸馏水 2 mL 稀释成无色,加入 2 滴 0.1 mol/L KSCN 溶液,观察溶液的颜色。逐滴加入 0.5% $SnCl_2$ 溶液又有何变化?写出反应方程式。

3.沉淀平衡反应及 $K^{\ominus}_{不稳}$ 对配位平衡的影响

向一支试管中加入 5 滴 0.1 mol/L $AgNO_3$ 溶液,然后按下列次序进行实验(要求:凡是生成沉淀的步骤,刚生成沉淀即可;凡是沉淀溶解的步骤,沉淀刚溶解即可。因此,试剂必须逐滴加入,边滴边摇,不可过量。)

a.滴加 0.1 mol/L Na_2CO_3 溶液至沉淀生成;

b.滴加 2.0 mol/L $NH_3 \cdot H_2O$ 至沉淀溶解;

c.加入 1 滴 0.1 mol/L NaCl 溶液,观察沉淀的生成;

d.滴加 6.0 mol/L $NH_3 \cdot H_2O$ 至沉淀溶解;

e.加入 1 滴 0.1 mol/L KBr,观察沉淀的生成;

f.滴加 0.1 mol/L $Na_2S_2O_3$ 溶液至沉淀溶解;

g.加入 1 滴 0.1 mol/L KI 溶液,观察沉淀的生成;

h.滴加 1 mol/L $Na_2S_2O_3$ 溶液至沉淀溶解;

i.滴加 0.1 mol/L Na_2S 溶液至沉淀生成。

废液处理步骤(必做)：

再加 Na_2S 溶液约 0.5 mL 至不再生成新的沉淀即可，静置 10 min，倒入指定的回收 Ag 容器(Ag 是贵重金属，但 Ag^+ 污染环境，必须回收)。

观察实验现象，写出各步骤的生成物。

4. 螯合物的形成

(1)在一支试管中加入 2 滴 0.1 mol/L $Ni(NO_3)_2$ 溶液，观察溶液的颜色。逐滴加入 2.0 mol/L $NH_3 \cdot H_2O$(2～3 滴)，每加一滴都要充分振荡，并在振荡后嗅其氨味，如果嗅不出氨味，再加第二滴，直至出现氨味，并注意观察溶液颜色。然后滴加 3 滴丁二酮肟溶液，摇动，观察玫瑰红色结晶的生成。

(2)取一条完整的 pH 试纸，在它的一端，沾上半滴 0.1 mol/L Na_2H_2Y 溶液(即 EDTA 溶液)，记下 EDTA 溶液润湿处的 pH，待 EDTA 液不再扩散时，在距 EDTA 液扩散边缘 0.5～0.1 cm 干试纸处，沾上半滴 0.1 mol/L $CaCl_2$ 溶液，待 $CaCl_2$ 溶液扩散到 EDTA 区形成重叠时，记下重叠与未重叠处的 pH。说明 pH 变化的原因和反应方程式。

实验十五 有机物性质实验(一)

【实验目的】

1. 加深对醇、酚、醛、酮性质的认识。进一步提高对其结构与性质之间联系的理解,初步掌握其鉴别方法。

2. 由单糖、双糖、多糖的显色反应及还原糖的氧化反应,熟悉糖类化合物的鉴别方法。了解非还原性糖水解过程和产物。

【实验原理】

不同类型的醇(一级醇、二级醇、三级醇)与氢卤酸(卢卡斯试剂)反应的速度不同,叔醇最快,仲醇次之,伯醇较难反应。故可借此鉴别不同结构的醇。6 个碳以上的醇不溶于卢卡斯试剂,故不适用。

具有 α-H 原子的醇可被 $KMnO_4$、$K_2Cr_2O_7$ 等氧化,叔醇不具有 α-H,在同样条件下不被氧化。

具有稳定烯醇式结构的化合物都可与 $FeCl_3$ 发生显色反应。酚类也同样。故常用此反应来鉴别酚类及烯醇式结构的存在。并据生成络合物的不同颜色区别各类酚。

苯酚酸性比醇强,但比碳酸要弱。由于羟基活化了苯环,使苯环上的亲电取代反应更易发生。常利用苯酚与溴水生成白色沉淀来检验苯酚(苯胺也与溴水反应生成白色沉淀,但那是一种油乳状沉淀)。

醛、酮与亚硫酸氢钠发生加成反应的产物不溶于饱和 $NaHSO_3$ 溶液中,所以能结晶析出。羰基与 2,4-二硝基苯肼的反应生成 2,4-二硝基苯腙用以鉴定醛、酮。

碘仿反应常用于鉴别具有甲基酮基和 α-羟乙基结构的化合物。

席夫氏试剂 Schiffls reagent 可发生显色反应的主要用途就在于它能和含醛基物质反应出现紫红色(Schiff 试剂:品红与二氧化硫反应得到的无色溶液叫席夫试剂,也叫品红醛试剂)。Schiff 试剂与醛类反应显紫红色,而与酮类不发生此类反应。因此,可用品红醛试剂检验醛及区别醛、酮。

在醛与 Schiff 试剂结合成紫红色的化合物中加入无机酸时,这种紫红色的化合物发生分解,从而褪色。只有甲醛与 Schiff 试剂结合成紫红色的化合物加入无机酸时不褪色。因此,品红醛试剂区别甲醛和其他醛。

糖类化合物,又称碳水化合物,是多羟基醛(酮)及其缩聚物和某些衍生物的总称。糖类化合物一般都能在无机酸(浓 HCl 或浓 H_2SO_4)的存在下,与 α-萘酚反应生成紫色物质,这就是鉴别糖类化合物较普遍的颜色反应——莫力许(Molisch)反应。淀粉遇碘变蓝色,可作为淀粉的一种鉴别方法。

酮糖在酸作用下与间苯二酚生成红色物质,故利用此反应可区别醛糖与酮糖。此反应又称西列凡诺夫反应。但需要注意的是,加热时间较长或糖浓度较高时,醛糖也出现微弱红色反应。蔗糖被盐酸水解生成果糖也能发生鲜红色反应。

单糖和分子中含有半缩醛结构的双糖(如麦芽糖、乳糖、纤维二糖)都是还原性糖,在碱性条件下能将 Cu^{2+}、Ag^{+} 还原(酮糖因在碱性条件下能发生差向异构化而转变到醛糖,形成互变平衡混合物,故也能被弱氧化剂氧化)。多糖和分子中不含半缩醛羟基的双糖(如蔗糖)都是非还原性糖。

还原性单糖能与醋酸铜很快生成红色 Cu_2O 沉淀,还原性双糖则不行。双糖是由两分子单糖缩合而成,在酸或酶的催化下水解为单糖。例如,蔗糖水解可得到等分子葡萄糖和果糖的混合物(转化糖)。所以蔗糖的水解也叫转化。

多糖是由多个单糖缩合而成的天然高分子化合物,在酸或酶的催化下逐步水解,最终水解为单糖。

例如淀粉在酸催化下的水解过程如下:

水解产物:淀粉→蓝糊精→红色糊精→无色糊精→寡糖(麦芽糖)→葡萄糖
淀粉水解遇碘显色变化:蓝→蓝紫→红→碘色(不变色)→碘色→碘色

【仪器和药品】

仪器:试管 10 支、水浴装置、小烧杯、点滴板、试管夹、滴管。

药品:卢卡斯试剂、10% NaOH、1% $CuSO_4$、5% $NHCO_3$、1% $FeCl_3$、0.1% $KMnO_4$、饱和溴水、饱和 $NaHSO_3$、稀 HCl、2,4-二硝基苯肼、碘液、稀 HNO_3、$AgNO_3$ 溶液、3% $NH_3\cdot H_2O$、斐林试剂、0.1% $K_2Cr_2O_7$、浓 H_2SO_4、正丁醇、仲丁醇、叔丁醇、甘油,苯酚晶体、5%苯酚、5%邻苯二酚、5%间苯二酚、乙醛、丙酮、苯甲醛、苯甲醛乙醇液、甲醛、2%葡萄糖、2%果糖、2%蔗糖、2%乳糖、2%麦芽糖、1%淀粉、α-萘酚乙醇液、浓硫酸、间苯二酚盐酸液、碘液、3% $AgNO_3$、3% NH_4OH、斐林 A、B 液、醋酸铜试剂、醋酸钠。

【实验步骤】

(一)醇、酚的性质

1. 醇的性质

(1)与卢卡斯(Lucas)试剂的作用:正丁醇、仲丁醇、叔丁醇各 0.5 mL,分别与 2 mL Lucas 试剂在干燥条件下振荡、静置,如无现象,水浴加热数分钟。记录发生反应的时间。

(2)醇的氧化:正丁醇、仲丁醇、叔丁醇各 0.5 mL 与 1 mL 酸性 $K_2Cr_2O_7$ 溶液(1 mL 0.1% $K_2Cr_2O_7$ 溶液加 2 滴浓硫酸,注意必须是浓硫酸往 $K_2Cr_2O_7$ 溶液滴加)混合,水浴加热。

(3)多元醇的反应:0.5 mL $CuSO_4$ 溶液中滴加 10% NaOH 配制 $Cu(OH)_2$ 沉淀。加入 5 滴 10%甘油。

2. 酚的性质

分别取 0.5 mL 5%苯酚、间苯二酚、邻苯二酚分别滴加 5 滴 $FeCl_3$ 或 2 滴饱和溴水、2 滴浓硫酸及 1 mL 0.1% $KMnO_4$,观察实验现象并作比较,记录表 3-14 中。

表 3-14　酚的性质实验记录与解释

	编号	样品	加入试剂	现象	解释
与 $FeCl_3$ 反应	1	0.5 mL 0.5%苯酚	加 5 滴 1% $FeCl_3$		
	2	0.5 mL 0.5%间苯二酚	加 5 滴 1% $FeCl_3$		
	3	0.5 mL 0.5%邻苯二酚	加 5 滴 1% $FeCl_3$		
与饱和溴水反应	4	0.5 mL 0.5%苯酚	加 2 滴饱和溴水		
	5	0.5 mL 0.5%间苯二酚	加 2 滴饱和溴水		
	6	0.5 mL 0.5%邻苯二酚	加 2 滴饱和溴水		
氧化反应	7	0.5 mL 0.5%苯酚	加 2 滴浓硫酸及 1 mL 0.1% $KMnO_4$		
	8	0.5 mL 0.5%间苯二酚	加 2 滴浓硫酸及 1 mL 0.1% $KMnO_4$		
	9	0.5 mL 0.5%邻苯二酚	加 2 滴浓硫酸及 1 mL 0.1% $KMnO_4$		

(二)醛、酮的性质

3. 醛、酮的性质

(1)与 $NaHSO_3$ 的加成：乙醛、丙酮、苯甲醛乙醇液各 6～8 滴，分别加入饱和 $NaHSO_3$ 2 mL，摇匀。冰水中冷却，观察，并比较沉淀析出的速度。

(2)加成消除反应：取少量 2,4-二硝基苯肼，分别与甲醛、苯甲醛、丙酮(各 3～4 滴)反应，观察。

(3)α-氢的活性及碘仿反应：取 3 支试管，各加水 2 mL、10 滴碘液，再分别加甲醛、乙醛、丙酮各 5 滴，滴加 10% NaOH，振荡观察反应液是否由棕黄变成浅黄，并比较。

(4) Schiff 试验：在 3 支试管中均加入 1 mL 品红醛试剂(Schiff 试剂)，然后分别滴加 2 滴甲醛、乙醛、丙酮，振荡摇匀，放置数分钟。然后分别向溶液显紫红色的试管逐滴加入浓盐酸或浓硫酸，边滴边摇，密切观察溶液颜色的变化。

(三)糖类化合物的性质

4. 糖的性质

(1) Molisch 反应(α-萘酚试验)：取 4 支试管，分别加葡萄糖、果糖、蔗糖、淀粉液各 1 mL，再分别加 3 滴 α-萘酚乙醇液，振荡后把试管倾斜，沿管壁慢慢加 1 mL 浓 H_2SO_4，勿摇动，观察界面颜色变化。

(2)淀粉遇碘反应：(1 滴碘液加 1 mL 蒸馏水稀释成 0.1%碘液备用)10 滴 1%淀粉加 1 滴 0.1%碘液，观察颜色变化，再将其沸水浴加热(也可直接在酒精灯上小火加热沸腾)，观察，冷却，颜色又怎样变化?

(3)银镜反应：2 mL 3% $AgNO_3$，逐滴加入 3% $NH_3 \cdot H_2O$ 边加边振荡至生成的沉淀溶解成透明液为止，分成 5 份，分别加葡萄糖、果糖、麦芽糖、乳糖、蔗糖 1 mL。摇匀编号。60～80℃水浴加热，几分钟后观察变化。

(4)斐林反应：取 5 支试管分别加斐林 A 液各 8 滴、斐林 B 液各 8 滴，混匀，再分别加 4 滴

2%葡萄糖、2%果糖、2%麦芽糖、2%蔗糖、1%淀粉，摇匀，同时放入沸水浴加热 4～5 min，观察。

(5)与醋酸铜反应：2 支试管，分别加葡萄糖、麦芽糖各 10 滴，再各加醋酸铜试剂 1 mL。振荡后在酒精灯上直接加热 1 min 左右。比较观察结果。

(6)蔗糖的水解：取 2 mL 样品于试管中，加浓 HCl 2 滴，在水浴中沸腾约 10 min，取出冷却。用 10% NaOH 中和之(可用红石蕊试纸检验)，加入已配好的斐林试剂 2 mL(斐林甲乙液各 1 mL 混匀)，水浴加热，观察现象。

(7)淀粉水解：小烧杯中加 10 mL 1%淀粉、8 滴浓盐酸，置沸水浴加热，每隔 5 min 取 1 小滴试液在白瓷点滴板上，滴 1 滴 0.1%碘液(1 滴碘液加 1 mL 蒸馏水稀释成 0.1%碘液)，观察并记录颜色变化，直到反应液遇碘液不变化为止[注意此过程中取液的滴管每次都应用蒸馏水洗净，以防干扰]。冷却后，向烧杯中逐滴加入 10% NaOH 至弱碱性，取此液体 1 mL 于试管中，另取一试管加 1 mL 1%淀粉液，两管内均加入斐林 A 液各 2 滴、斐林 B 液各 2 滴。摇匀，沸水浴加热 2～3 min，观察现象，为什么？

(8)酮糖的反应：果糖、葡萄糖、蔗糖各 1 mL，分别加入间-苯二酚盐酸液 0.5 mL，沸水浴加热观察变化，并比较(加热 1 min 即可，时间不宜过长)。

【附注】

席夫(Schiff)试剂的配制：

称取 0.5 g 碱性品红，加到 100 mL 煮沸的蒸馏水中，再微微加热 5 min，不断搅拌，使它溶解。在溶液冷却到 50℃时过滤，滤液中加入 10 mL 1 mol/L 盐酸。再冷却到 25℃时加入 0.5 g 无水亚硫酸氢钠。把溶液装入棕色试剂瓶内，摇荡后，塞紧瓶塞，放在黑暗中 24 h。在溶液颜色退到淡黄色时，加入 0.5 g 活性炭，用力摇荡 1 min，过滤后把滤液贮在棕色试剂瓶内，塞紧瓶塞，滤液应该是无色的。在使用时勿让溶液长时间暴露在空气中和见光(瓶外用黑纸或暗盒遮光)。如溶液变成红色，即失效。

实验十六　有机物性质实验(二)

【实验目的】

1. 加深对羧酸、取代酸、羧酸衍生物性质的了解，进一步了解互变异构现象。

2. 了解胺的基本性质。

3. 由氨基酸的两性、蛋白质的沉淀、颜色反应及分解等，加深对蛋白质的结构的认识。

【实验原理】

一元羧酸对氧化剂比较稳定，但甲酸除外，由于其特殊结构，因此具强还原性，还能被斐林试剂等弱氧化剂氧化。草酸为简单二元酸，由于羧基间相互影响，加热到 150℃ 脱羧；且其易被氧化，生成 CO_2 和 H_2O。α-羟基酸也易脱羧而被氧化。

醇和酸可在无机强酸催化下脱去一分子水生成酯。

水杨酸因具烯醇式结构能与 $FeCl_3$ 发生显色反应。由于苯环上连有斥电子的羟基，使苯环活化，能进行亲电取代反应，如溴化。利用此性质，可区分苯甲酸与水杨酸。

乙酰乙酸乙酯分子中的亚甲基(—CH_2—)由于受邻近两个官能团的影响，变得非常活泼，—CH_2—上的 H 易形成 H^+ 转移到羰基氧上，生成烯醇式，因此可发生酮式与烯醇式两种互变异构体的互变。

酰胺在酸碱催化下均可发生水解反应。

尿素还可发生二缩脲反应，生成的二缩脲，在碱性溶液中能与 $CuSO_4$ 产生紫色配合物。

调节溶液的酸碱性，当达到某一 pH 时，溶液中的蛋白质所带正、负电荷数目相等，此 pH 叫做该蛋白质的等电点(pI)，这时蛋白质的溶解度最小。多数蛋白质 pI＜7，而动植物组织液 pH≈7。体内溶于水的蛋白质多以负离子存在，这就构成一缓冲对 Pr^-/HPr (HPr 代表蛋白质分子)，当遇到酸碱物质时，它的缓冲性能，使生物体内保持一定范围的酸碱度。

蛋白质分子中由副键(氢键、盐键、疏水键、二硫键、酯键、范德华引力)维持的严密的空间结构，使其具一定的理化性质，特别是生物学活性。因各种物理因素(如加热、光照等)和化学因素(如有机溶剂、强酸、强碱、重金属离子、生物碱试剂等)的影响，导致空间构型受不同程度的破坏，从而使其理化性质和生理活性改变，称蛋白质的变性(常常同时发生聚凝和沉淀)。但沉淀并非一定变性(如盐析)；变性也不一定沉淀(如蛋白质受强酸强碱作用，溶液并无沉淀生成)。蛋白质的不可逆沉淀都是蛋白质变性。

茚三酮反应的蓝紫色是检验 α-氨基酸、多肽、蛋白质最通用的反应之一(脯氨酸与羟脯氨酸与茚三酮作用产生黄色)；黄蛋白反应可鉴别蛋白质中的酪氨酸和苯丙氨酸、色氨酸；米隆反应可鉴别蛋白质中的酪氨酸；醋酸铅反应可鉴别蛋白质分子中的胱氨酸和半胱氨酸。

【仪器和药品】

仪器：试管数支，带导管的橡皮塞、药勺、试管夹、玻棒、烧杯、酒精灯、水浴装置。

药品：苯甲酸，草酸，乙酸，甲酸，乳酸，水杨酸，乙酸酐，乙酰乙酸乙酯，CCl_4，饱和 Br_2 水，0.1%NaOH，20%NaOH，30%NaOH，冰醋酸，乙酰胺，苯胺，尿素，石灰水，10%NaOH，浓 HCl，10%HCl，10%H_2SO_4，0.1%$KMnO_4$，饱和 Na_2CO_3，饱和溴水，1%$FeCl_3$，95%乙醇，1%$CuSO_4$，红色石蕊试纸，甘氨酸(2%水溶液)，蛋白质溶液，1%HAc，酚酞指示剂，甲基橙指示

剂，无水乙醇，$(NH_4)_2SO_4$ 固体，浓硫酸，饱和硫酸铜溶液，饱和苦味酸，10% $Pb(Ac)_2$，浓硝酸，0.25%茚三酮。

【实验步骤】

(一)羧酸及其衍生物和含氮化合物的性质

1. 羧酸及其衍生物的性质

(1)酸性：试管中加 0.2 g 苯甲酸、1 mL 水，振荡，再加 10%NaOH(逐滴加入)，观察，然后加 10%HCl，有何现象？

(2)脱羧：草酸 1 g 置试管中，塞好导管，用试管夹夹好，加热，导管尖端伸入盛有石灰水的试管，观察现象。

(3)氧化反应：甲酸、乙酸、乳酸、草酸各 1 mL(固体为 0.1 g)，分别加数滴 10% H_2SO_4 及 2 滴 $KMnO_4$，水浴加热，观察颜色变化。

(4)成酯反应：两支试管均加入 2 mL 95%乙醇和 2 mL 冰醋酸，混匀，其中一支加 5 滴浓 H_2SO_4，两支试管同时在 70～80℃ 水浴加热，并振荡，10 min 后取出，用冰水冷却，再各滴加 2 mL 饱和 Na_2CO_3，静置，观察两管区别。

(5)与 $FeCl_3$ 反应：水杨酸 1 mL 加 1 滴 $FeCl_3$ 振荡。

(6)取代羧酸与溴水反应：水杨酸溶液 1 mL，苯甲酸 0.2 g(用 95%乙醇 1 mL 溶解)分别加溴水少量。

(7)乙酰乙酸乙酯互变异构：2 滴乙酰乙酸乙酯和 1 mL 95%乙醇，再滴加 1 滴 1% $FeCl_3$，然后滴加溴水至反应液短时间内呈淡黄色，放置片刻再观察。

2. 含氮化合物的性质

(1)水解：3 支试管，A：0.2 g 乙酰胺、2 mL 10%NaOH，B：0.2 g 乙酰胺、1 mL 10%HCl，C：0.2 g 尿素、3 mL 10% NaOH：分别振荡并加热至沸，辨别气味，并用湿红色石蕊试纸在 A、C 两管口检验。

(2)二缩脲反应：干燥试管 1 支，加 0.3 g 尿素，直接加热至尿素熔化，用红石蕊试纸在管口检验，继续加热使熔化后又凝固。再及时用红石蕊试纸检验；有何气味？全部凝固后冷却，加 2 mL 水加热至溶，并加 10% NaOH 至清亮为止，再加 1～2 滴 1% $CuSO_4$，观察颜色变化。

(二)氨基酸、蛋白质的性质

3. 氨基酸的两性(表 3-15)

表 3-15 氨基酸的两性实验步骤与记录

编号	加入试剂	溶液颜色	再逐滴加入	溶液颜色
试管 A	蒸馏水 1 mL、0.1%NaOH 1 滴、酚酞 1 滴		甘氨酸 1 mL	
试管 B	蒸馏水 1 mL、1%HAc 1 滴、甲基橙 1 滴		甘氨酸 1 mL	

4. 蛋白质的性质

(1)蛋白质两性。取两支试管各加 1.5 mL 蛋白质。

A 试管中：逐滴加 1%HAc，每加一滴后轻摇，观察变化，有变化后再继续滴加几滴 HAc，现象？再逐滴加 0.1%NaOH，出现变化后，再滴几滴过量 NaOH，有何变化？记录之。

B 试管中：逐滴加 0.1% NaOH，有无变化？

由 A、B 两试管结果判断此蛋白质溶液中原先带什么电荷？（未加酸、碱前）

（2）盐析与变性。取 6 支试管，各加 10 滴蛋白质溶液，并编号，用做下列试验（表 3-16）。

表 3-16　蛋白质的盐析与变性实验步骤与记录

	编号	内容	现象	再各加 5 mL 水，现象	备注
盐析作用	1	加固体$(NH_4)SO_4$，边加边搅拌，至变化			
	2	加无水乙醇 10 滴			摇匀，静置数分钟后观察现象
变性作用	3	加 1～2 滴饱和 $CuSO_4$			注意 $CuSO_4$ 不可过量
	4	加 2 滴 1% HAc、5 滴饱和苦味酸，振荡			
	5	不加试剂直接加热			
	6	沿壁加 5 滴浓 H_2SO_4，注意界面上的现象			再直接加过量浓 H_2SO_4，现象？

（3）显色反应（表 3-17）。

表 3-17　蛋白质的显色反应实验步骤与记录

反应名称	编号	试样	试剂	现象	加热后现象	备注
黄蛋白反应	1	蛋白质 1 mL	3 滴浓硝酸			冷却后加 10% NaOH 观察颜色变化
茚三酮反应	2	蛋白质 10 滴	5 滴茚三酮溶液			水浴加热
双缩脲反应	3	蛋白质 10 滴	10% NaOH 5 滴 10% $CuSO_4$ 5 滴			
醋酸铅反应	4	先加 $Pb(Ac)_2$ 溶液 5 滴，滴加 10% NaOH 至全溶，再加蛋白质 10 滴				
		后处理（必做内容），反应完毕，加 0.1% Na_2S 2 mL，搅拌后静置 10～20 min，倒入指定容器				

用甘氨酸代替蛋白质做双缩脲试验，结果会如何？为什么？

（4）碱分解蛋白质。取 1～2 mL 清蛋白液在试管里，加两倍体积的 30% NaOH，煮沸 2～3 min，析出沉淀，继续煮沸，沉淀溶解，有气体放出（立即用石蕊试纸在试管口检测），是什么气体？

第四部分　定量分析

实验十七　酸碱比较滴定及食醋中总酸量的测定

【实验目的】

1. 掌握酸碱溶液的配制方法及比较滴定法。
2. 学习称量、滴定管的使用和滴定终点的判断。
3. 掌握酸碱溶液浓度的标定方法。
4. 了解食醋中总酸量的测定方法。

【实验原理】

(一)标准酸碱溶液的配制

在酸碱滴定法中,配制标准酸溶液有 HCl 和 H_2SO_4(HNO_3 因具有氧化性,使用较少),最常用的是 HCl,碱有 NaOH、KOH 和 $Ba(OH)_2$,而以 NaOH 最为常用。如果标准溶液必须无碳酸盐时,则用氢氧化钡。标准溶液的浓度一般在 0.01～1 mol/L 之间,根据需要而采用不同的浓度,通常配制成 0.1 mol/L 或 0.2 mol/L 的溶液。

市售的 HCl 浓度不定,且易挥发。NaOH 的纯度不够,常吸收 CO_2 和水蒸气,因此不能直接配制标准浓度的溶液,而只能先配制成一个近似浓度的溶液然后用基准物质比较滴定来确定它们的标准浓度。市售固体 NaOH 中含有 Na_2CO_3 在滴定中会影响测定结果。如果 NaOH 较纯,仅在表面有少量 Na_2CO_3,一般分析可以不考虑。但在精密分析法仍应除去。方法是:将固体 NaOH 用少量无 CO_2 蒸馏水迅速冲洗 1～2 次,以除去表面的 Na_2CO_3。对于不纯的 NaOH 含 Na_2CO_3 较多时,将其配制成 50%左右的浓溶液,由于 Na_2CO_3 不溶于浓 NaOH 溶液中,密闭放置数天后,Na_2CO_3 会沉降在底部,可取澄清溶液使用。

(二)酸碱溶液的比较滴定

确定酸碱溶液的浓度时,为简便计,可先做 HCl 和 NaOH 的比较滴定,求出它们的体积比。HCl 和 NaOH 反应到达等量点(化学计量点)时:

$$c_{NaOH} \cdot V_{NaOH} = c_{HCl} \cdot V_{HCl} \quad 或 \quad \frac{V_{NaOH}}{V_{HCl}} = \frac{c_{HCl}}{c_{NaOH}}$$

两者体积比为其浓度的倒数比。只要标定其中之一浓度,另一浓度就可由此值求出。在精密分析中,一般都分别直接标定酸或碱溶液求出它们的准确浓度,而不用比较滴定法求出另一种酸或碱浓度,因为比较滴定和标定的误差,都可能反映到所求的浓度中,不如直接标定更为准确可靠。

(三)酸碱溶液浓度的标定

1.酸溶液浓度的标定

标定酸溶液的基准物质有无水 Na_2CO_3 和硼砂($Na_2B_4O_7 \cdot 10H_2O$)。由于硼砂摩尔质量大,吸湿性小,易于制得纯品,故较为常用。硼砂与 HCl 的反应为:

$$B_4O_7^{2-} + 2H^+ + 5H_2O = 4H_3BO_3$$

等量点时生成硼酸($K_a = 5.9 \times 10^{-10}$)是弱酸,溶液的 pH 约为 5.1,可用甲基红做指示剂。由于硼砂的酸性比碳酸弱,所以终点颜色变化比用 Na_2CO_3 标定时明显。

2.碱溶液浓度的标定

常用于标定 NaOH 的基准物质有草酸($H_2C_2O_4 \cdot 2H_2O$)和邻苯二甲酸氢钾($KHC_8H_4O_4$)。草酸在空气中特别稳定,而且容易制得纯品,草酸的 K_{a1} 和 K_{a2} 相差不大,要滴定到两个 H^+ 被作用完才有明显的突跃。邻苯二甲酸氢钾摩尔质量大,而且纯净稳定,是标定碱常用的基准物,它与碱的反应为:

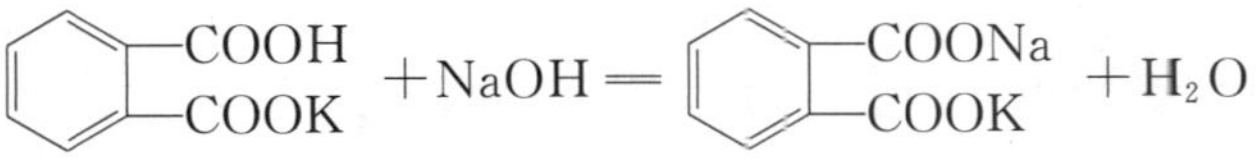

邻苯二甲酸的 $K_{a1} = 1.1 \times 10^{-3}$,$K_{a2} = 3.9 \times 10^{-6}$,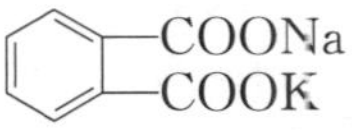

是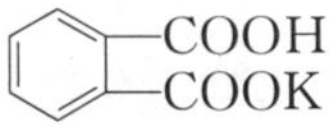

共轭碱,其 $K_{b1} = \frac{K_w}{K_{a2}} = 2.6 \times 10^{-9}$。滴定到等量点时,溶液显碱性,pH 约为 9,可用酚酞做指示剂。

(四)食醋总酸量的测定

醋酸的电离常数 $K_a = 1.8 \times 10^{-5}$。用 NaOH 标准溶液滴定醋酸,其反应式为:

$$NaOH + CH_3COOH = CH_3COONa + H_2O$$

等量点的 pH 约为 8.7。0.1 mol/L NaOH 溶液滴定 0.1 mol/L 溶 CH_3COOH 液的 pH 突跃范围为 7.7～9.7。故用酚酞做指示剂,终点由无色到微红色。由于 CO_2 能使酚酞的红色褪去,故应滴定至摇匀后溶液红色在半分钟内褪色为止。用 NaOH 标准溶液滴定时,凡是 $K_a \geq 10^{-7}$ 的弱酸均可被滴定,因此测定的是总酸量以醋酸含量来表示。

食醋中含 HAc 3%～5%,浓度较大,必须稀释后再取样滴定。有的食醋颜色较深,虽经稀释或活性炭脱色后,颜色仍明显,无法判断终点时,则不能用指示剂来测定,但可采用电位滴定法。

【仪器和药品】

仪器:酸式、碱式滴定管,锥形瓶(250 mL),10 mL 量筒,100 mL 烧杯。

药品:浓 HCl(比重 1.19),NaOH,甲基橙,甲基红,酚酞,邻苯二甲酸氢钾,硼砂,食醋(含3%～5%的醋酸)。

【实验步骤】

1.0.1 mol/L HCl 溶液的配制

用干净量筒取浓 HCl(密度为 1.19 g/mL)9 mL,倒入 1 L 细口试剂瓶中,用蒸馏水稀释至 1 L,盖塞,充分摇匀。

2. 0.1 moL/L NaOH 溶液的配制

量取 5.6 mL 50%NaOH(约 19 mol/L)溶液,倒入细口试剂瓶(或塑料瓶)中,用无 CO_2 蒸馏水(新煮沸并冷却)稀释至 1 L。或称取 4 g 无 Na_2CO_3 的 NaOH 于 100 mL 烧杯中,加约 30 mL 无 CO_2 蒸馏水溶解,然后转移到 1 L 试剂瓶中,用蒸馏水稀至 1 L,用橡皮塞塞紧,充分摇匀(长时间保存,应存放于塑料瓶中)。

3. 比较滴定

①将酸、碱分别装满酸、碱滴定管赶气泡,把液面调至靠近"0"刻度处(除去管尖悬挂的液滴),记录初读数。以每秒钟约 0.15 mL 的速度从碱管放出 20 mL NaOH 于锥形瓶中,加两滴甲基橙,用 HCl 溶液滴定。边滴边旋摇锥形瓶,开始时滴速可快一些(连续逐滴加入),接近等量点时(红色消失较慢),则必须一滴、一滴地加入,当一滴或半滴 HCl 使溶液由黄变橙即为终点。如果滴定超过终点(溶液变红)可用 NaOH 回滴至溶液变黄,再用 HCl 滴定至橙色。记录 HCl 和 NaOH 的终读数。重复测定几次,完成下表,要求 3 次测定结果的相对平均偏差在 0.15%以内或 2 次测定结果的相对相差在 0.3%以内,取其平均值(表 3-18)。

②比较滴定也可以从酸管放出 20 mL HCl 于锥形瓶中,加 2 滴酚酞,用 NaOH 滴至溶液由无色变为粉红色,保持半分钟不褪色即为终点。

表 3-18 酸碱比较滴定

		Ⅰ	Ⅱ	Ⅲ
HCl 终读数/mL				
HCl 初读数/mL				
用量/mL				
V_{HCl}/V_{NaOH}				
V_{NaOH}/V_{HCl}				
平均值	V_{HCl}/V_{NaOH}			
	V_{NaOH}/V_{HCl}			
相对平均偏差($\bar{d}_r$)				

4. NaOH 溶液浓度的标定

用分析天平从称量瓶中准确称取已在 110℃烘干 1 h 的邻苯二甲酸氢钾 3 份,每份重 0.25~0.3 g,分别放入 250 mL 三角瓶中,加 30 mL 无 CO_2 蒸馏水,加热熔解。冷却后加入 1~2 滴酚酞,用 NaOH 溶液滴定至粉红色并在半分钟内不褪色为止(表 3-19)。

计算 NaOH 标准溶液的浓度,对 3 个实验结果的误差要求与比较滴定相同,并由比较滴定结果确定出 HCl 溶液的浓度。

表 3-19　NaOH 溶液浓度的标定

	Ⅰ	Ⅱ	Ⅲ
邻苯二甲酸氢钾/g			
NaOH 终读数/mL			
NaOH 初读数/mL			
用量/mL			
c_{NaOH}/(mol/L)			
NaOH 浓度平均值			
相对平均偏差($\bar{d}_r$)			
c_{HCl}			

5. 食醋总酸量的测定(选做)

用 20 mL 移液管吸取已稀释 5 倍的食醋溶液两份,分别放入两只 250 mL 锥形瓶中,加酚酞 2 滴,用 NaOH 标准溶液滴定至溶液呈粉红色,并在半分钟内不褪色为止。

计算原食醋溶液每 100 mL 所含 HAc 的克数,并求出平行实验的相对相差。

实验十八　混合碱的分析

【实验目的】

1.进一步熟悉和掌握滴定操作技术和终点的判断，能熟练地正确地使用分析天平（掌握易吸湿样品的称量方法），熟悉容量瓶、移液管的使用等。

2.了解用双指示剂法测定混合碱（Na_2CO_3 与 $NaHCO_3$ 或 Na_2CO_3 与 NaOH 的混合物）的方法与原理。

【实验原理】

实际生产过程及实验室的试剂中 Na_2CO_3、$NaHCO_3$ · NaOH 等碱性物质常混有另一种碱、其中 Na_2CO_3 与 $NaHCO_3$ 的混合物及 Na_2CO_3 与 NaOH 的混合物最为常见。要测定其各组分的含量，可采用双指示剂法；即将混合碱液，用 HCl 标准溶液滴定，先以酚酞做指示剂，滴定至溶液红色消失变为微红色，此即第一计量点，设用去标准酸溶液 V_1 mL（此步也可选用甲酚红-百里酚蓝混合指示剂，此混合指示剂的变色范围窄即 pH 为 8.2～8.4，变色点 pH 为 8.3，溶液的颜色由紫色变为黄色）、再以甲基橙做指示剂，即第二计量点，设又用去酸液 V_2 mL，其过程简图如图 3-21 所示：

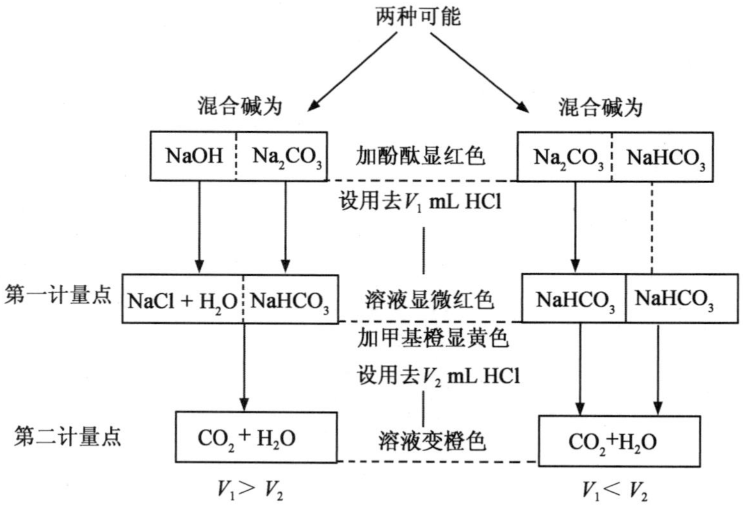

图 3-21　双指示剂法测定混合碱过程示意图

若 $V_1 > V_2$，则混合碱应为 NaOH 与 Na_2CO_3 的混合物，Na_2CO_3 消耗酸的体积为 $2V_2$ mL（两阶段各消耗 V_2 mL），NaOH 消耗 HCl 的体积为 $V_1 - V_2$。

若 $V_1 < V_2$，则混合碱应为 Na_2CO_3 与 $NaHCO_3$ 的混合物，Na_2CO_3 消耗酸的体积为 $2V_1$ mL（两阶段各消耗 V_1 mL），$NaHCO_3$ 消耗 HCl 的体积为 $V_2 - V_1$。

所以根据 V_1 与 V_2 的数据，便可确定试样由何种碱组成，并算出各组分百分含量。

【仪器和药品】

仪器：100 mL 容量瓶，250 mL 锥形瓶，20.00 mL 移液管、酸式滴定管、玻璃棒、吸耳球、滴定台、天平、烧杯。

试剂：混合碱（未知物）、甲基橙指示剂（0.2%水溶液）、酚酞指示剂（0.2%乙醇溶液）HCl标准溶液（0.1 mol/L）。

【实验步骤】

准确称取 0.45～0.50 g 混合碱样品，用 30 mL 蒸馏水溶解，移入 100 mL 容量瓶，定容。移取 20.00 mL 碱溶液于 250 mL 锥形瓶中，先加酚酞指示剂 2～3 滴[①]，以 HCl 标准溶液滴定至溶液由红色变为略带粉红色[②]，记录所用 HCl 溶液体积（V_1）。然后加入 1～2 滴甲基橙指示剂，继续滴定至溶液由黄色刚变为橙色，记录第二次用去 HCl 溶液体积（V_2）。

平行做 2～3 次。测定结果的相对平均偏差与酸碱比较滴定实验的要求相同。记录数据，完成表 3-20。判断样品组成，计算各组分含量。

表 3-20　双指示剂法分析混合碱的数据记录与初步处理　　　mol/L HCl

		Ⅰ	Ⅱ	Ⅲ
第一计量点	HCl 终读数 初读数 V_1/mL			
	$\overline{V_1}$			
第二计量点	HCl 终读数 初读数 V_2/mL			
	$\overline{V_2}$			

若 $V_1 > V_2$

$$NaOH\% = \frac{(\overline{V_1} - \overline{V_2}) \cdot c(HCl) \cdot M(NaOH) \times 5}{1\,000 \times m_s} \times 100\%$$

$$Na_2CO_3\% = \frac{\overline{V_2} \cdot c(HCl) \cdot M(Na_2CO_3) \times 5}{1\,000 \times m_s} \times 100\%$$

若 $V_1 < V_2$

$$Na_2CO_3(\%) = \frac{\overline{V_1} \cdot c(HCl) \cdot M(Na_2CO_3) \times 5}{1\,000 \times m_s} \times 100\%$$

$$NaHCO_3(\%) = \frac{(\overline{V_2} - \overline{V_1})c(HCl) \cdot M(NaHCO_3) \times 5}{1\,000 \times m_s} \times 100\%$$

【附注】

①当试样为 NaOH 和 Na_2CO_3 混合物时，酚酞指示剂用量可适当多加几滴，否则常因滴定不完全而造成 NaOH 的测定结果偏低，Na_2CO_3 偏高。

②最好用 $NaHCO_3$ 的酚酞溶液（浓度相当）作为对照。在达到第一等量点之前，不应有 CO_2 的损失，因此要防止 HCl 局部过量，导致 CO_2 损失，常带来较大误差；滴定时溶液要冷却

(最好将锥形瓶置于冰水中冷却),加酸时慢些,摇动要均匀,但滴定也不能太慢,以免吸收空气中 CO_2。

【思考题】

1. 我们为什么不去测 NaOH 与 $NaHCO_3$ 化合物的组分?

2. 用双指示剂测定混合碱组成的方法原理是什么?请用自己的语言和方式描述。

3. 若操作无误,所测值 $V_1=V_2$ 怎么办?说明什么?若 $V_1=0$ 或 $V_2=0$ 又怎样解释?

4. 20 mL NaOH 与 Na_2CO_3 的混合溶液,以酚酞作指示剂,用去 0.1 mol/L HCl 15 mL;继续加甲基橙作指示剂,又用去 0.1 mol/L HCl 15 mL,问 NaOH 与 Na_2CO_3 在此混合液中的浓度是否相等?各等于多少?

实验十九　亚铁盐中铁含量的测定

【实验目的】

1. 了解重铬酸钾标准溶液的配制方法。

2. 掌握重铬酸钾法测定铁的原理和方法。

【实验原理】

$K_2Cr_2O_7$ 易于制纯，在空气中比较稳定。标准溶液可直接配制。

Fe^{2+} 在酸性溶液中被 $K_2Cr_2O_7$ 氧化，反应为：

$$6Fe^{2+}+Cr_2O_7^{2-}+14H^+=6Fe^{3+}+2Cr^{3+}+7H_2O$$

为防止亚铁盐溶解时发生水解，溶样时应加入适量硫酸，同时加入磷酸，使之与 Fe^{3+} 结合生成无色的配离子，这样既消除了 Fe^{3+} 颜色的影响，又减小了 Fe^{3+} 的浓度，从而降低了 Fe^{3+}/Fe^{2+} 电对的条件电极电势，使滴定突跃范围增大，选用二苯胺磺酸钠指示剂能正确、清楚地判断终点。

【仪器和药品】

仪器：电子天平，250 mL 锥形瓶（三个），酸式滴定管，量筒（10 mL，25 mL）。

药品：3 mol/L 硫酸，85％磷酸，0.2％二苯胺磺酸钠指示剂，0.020 4 mol/L $K_2Cr_2O_7$ 标准溶液。

【实验步骤】

1. 0.020 4 mol/L $K_2Cr_2O_7$ 标准溶液的配制

按计算量称取在 130～140℃ 烘干 1 h 的 $K_2Cr_2O_7$ 溶于水，定量转移至 1 L 容量瓶中，用水稀释至刻度，摇匀（此步骤已由实验室教师预先完成）。

2. 亚铁盐中铁的测定

准确称取 0.4～0.5 g 硫酸亚铁样品三份，分别置于 250 mL 锥形瓶中，各加入 3 mol/L 硫酸 10 mL，蒸馏水 25 mL，加热溶解。各加入二苯胺磺酸钠指示剂 5 滴，85％磷酸 3 mL，摇匀后用 $K_2Cr_2O_7$ 标准溶液滴定。滴定过程中，溶液随 $K_2Cr_2O_7$ 的加入，逐渐生成绿色 Cr^{3+}，继续滴至溶液中呈现持久的紫蓝色为止。计算试样中 Fe％。

$$Fe(\%)=\frac{6c(K_2CrO_7)\times V(K_2Cr_2O_7)\times M(Fe)}{m_s}\times 100\%$$

用中和法使 Cr^{3+} 生成 $Cr(OH)_3$ 沉淀除去。或将含铬废液回收，供做下一步磁性铁氧体的制备。废液回收前可加热浓缩至原有体积的 1/5～1/4。

【思考题】

1. 测铁过程中为何加入磷酸？

2. 硫酸亚铁样品为何要溶于硫酸中，而不直接溶于蒸馏水中？

实验二十　水硬度的测定(及蛋壳中钙镁含量的测定)

(一)水硬度的测定

【实验目的】

1.掌握配位滴定的原理、条件和方法,熟悉铬黑 T 和钙指示剂的应用,了解金属指示剂的特点。

2.掌握 EDTA 法测定水硬度的原理和方法,了解常用的硬度表示方法。

【实验原理】

硬度是水质的重要指标,不论生活用水还是生产用水,对硬度指标都有一定的要求,锅炉用水要求更严。

硬度的大小是以水中 Ca^{2+}、Mg^{2+} 的总量来表示的。

水硬度的表示方法有多种,我国目前多采用将水中钙、镁含量折算成 CaO 的量来表示水的硬度。1 L 水中含有 10 mg CaO 时为 1°,也表示 1°=10 mg/L CaO。

按水的硬度大小可将水质分类,极软水(0°～4°):软水(4°～8°);中硬水(8°～16°);硬水(16°～30°);极硬水(30°以上)。生活用自来水的硬度不超过 35°。

水硬度可以分为暂时硬度和永久硬度。所谓暂时硬度是指水中含有钙镁的酸式碳酸盐,遇热即成碳酸盐沉淀而失去其硬性。

$$Ca(HCO_3)_2 \rightarrow CaCO_3 \downarrow + H_2O + CO_2 \uparrow$$

$$Mg(HCO_3)_2 \rightarrow MgCO_3 \downarrow + H_2O + CO_2 \uparrow$$

$$\xrightarrow{+H_2O} Mg(OH)_2 \downarrow + CO_2 \uparrow$$

所谓永久硬度是指水中含有钙镁的硫酸盐、氯化物、硝酸盐,在加热时不沉淀。

测定水的硬度,一般采用配位滴定法,先控制溶液的酸度 pH=10,以铬黑 T 作指示剂,Ca^{2+}、Mg^{2+} 则与铬黑 T 形成酒红色配合物,再用 EDTA 溶液滴定,终点时指示剂游离出来,溶液呈现蓝色。

由钙镁总量减去钙含量,即为镁含量。

若水样中存有 Fe^{3+}、Al^{3+} 等微量杂质离子时,可用三乙醇胺或 NaF 掩蔽。

【仪器和药品】

仪器:50 mL 移液管,250 mL 锥形瓶(3 只),碱式滴定管、500 mL 烧杯。

药品:0.01 mol/L EDTA 标准溶液,NH_3-NH_4Cl 缓冲溶液(pH=10),10%NaOH 溶液,铬黑 T 指示剂,钙指示剂(指示剂配制方法)。

【实验步骤】

1.水硬度的测定

用移液管吸取 50 mL 水样于锥形瓶中。加 1 mL pH=10 的氨性缓冲溶液,加少许铬黑 T 指示剂(小半勺,米粒大小,使溶液呈现浅红色即可),用 EDTA 标准溶液滴定至溶液由酒红色变为蓝色即为终点，记录 EDTA 用量 V_1 mL。

2. 钙含量的测定

量取水样 50 mL 于锥形瓶中，加 10 滴 10%NaOH 溶液，再加少许钙指示剂（量同铬黑 T 指示剂），用 EDTA 标准溶液滴定至溶液由红色变蓝色即为终点，记录 EDTA 用量 V_2 mL。

据下列公式计算水的硬度及水中 Ca^{2+}、Mg^{2+} 的含量。

$$水硬度(°)=\frac{c_{EDTA}\cdot V_1\cdot M_{CaO}}{50\times10}\times1\,000$$

$$Ca^{2+}(mg/L)=\frac{c_{EDTA}\cdot V_2\cdot M_{Ca}}{50}\times1\,000$$

$$Mg^{2+}(mg/L)=\frac{c_{EDTA}\cdot(V_1-V_2)\cdot M_{Mg}}{50}\times1\,000$$

【思考题】

1. 用 EDTA 标准溶液测定水的硬度时，若水中 Fe^{3+}、Al^{3+} 干扰测定，应如何排除？
2. 如要分别测定出钙镁含量应如何进行？

（二）蛋壳中钙镁含量的测定（选做）

【实验目的】

1. 掌握配位滴定的原理条件和方法，熟悉铬黑 T 和钙指示剂的应用。
2. 学习配位滴定法测定蛋壳中钙和镁总量的基本过程，了解样品的预处理方法。

【实验原理】

鸡蛋壳的主要成分为 $CaCO_3$，其次为 $MgCO_3$、蛋白质、色素以及少量 Fe 和 Al。

蛋壳需要经过预处理，才能达到分析的要求，一般蛋壳可用 HCl 溶解，其中以 Ca^{2+}、Mg^{2+} 等以离子形式转入溶液中。然后在 pH =10 时，用铬黑 T 指示剂，EDTA 可直接测量 Ca^{2+}、Mg^{2+} 总量，为提高配位选择性，在 pH=10 时，加入掩蔽剂三乙醇胺使之与 Fe^{3+}、Al^{3+} 等离子生成更稳定的配合物，以排除它们对 Ca^{2+}、Mg^{2+} 测定的干扰。试样中有不溶物（如蛋白质之类）不影响测定。

【仪器和药品】

仪器：研钵，电子天平，20 mL 移液管，250 mL 烧杯，100 mL 容量瓶，250 mL 锥形瓶（3 个），碱式滴定管，表面皿，酒精灯。

药品：0.02 mol/L EDTA 标准溶液，氨性缓冲溶液（pH=10），20% NaOH 溶液，铬黑 T 指示剂，钙指示剂，1∶1 盐酸溶液。

【实验步骤】

1. 试液的准备

先将蛋壳研磨成粉末。准确称试样 0.2 g 左右，放入 250 mL 的烧杯中，用少量水润湿，盖上表面皿，由烧杯口慢慢加入 8 mL 1∶1 盐酸溶液，用小火加热至溶解完后，移开表面皿，并用水吹洗表面皿，溶液冷却后转入 100 mL 的容量瓶中，用水稀释至刻度，摇匀，待用。

2. 钙镁总量的测定

吸取待测液 20.00 mL 于 250 mL 锥形瓶中，加 70～80 mL 水，摇匀加 pH＝10 的氨性缓冲溶液 10 mL，加少量的铬黑 T 指示剂，用 EDTA 标准溶液滴定至溶液由红色变为蓝色即为终点，记录 EDTA 用量 V_1 mL。

3. 钙含量的测定

另取一份待测定液 20 mL 加 50 mL 水，加 20% NaOH 5 mL 和少量的钙指示剂，用 EDTA 标准溶液滴定至红色变为蓝色为止，记录 EDTA 用量 V_2 mL。

$$Ca^{2+}(\%)=\frac{c_{EDTA}\cdot V_2\cdot M_{Ca}\times 10^{-3}}{m_{样}\times\frac{20}{100}}\times 100\%$$

$$Mg^{2+}(\%)=\frac{c_{EDTA}\cdot (V_1-V_2)\cdot M_{Mg}\times 10^{-3}}{m_{样}\times\frac{20}{100}}\times 100\%$$

【思考题】

1. 蛋壳粉溶解稀释时为什么会出现泡沫？
2. 蛋壳中的不溶物是否影响钙镁的测定？

实验二十一 漂白粉中有效氯的测定——间接碘量法

【目的要求】

1. 掌握间接碘量法的基本原理及滴定条件。

2. 学习测定漂白粉中有效氯含量的方法。

【实验原理】

漂白粉的主要成分是 $CaCl_2$，还有 $Ca(ClO_2)_2$，$Ca(ClO_3)_2$，CaO 等。其质量以释放出来的氯量来作为标准，称有效氯。利用漂白粉在酸性介质中定量氧化 I，用标准 $Na_2S_2O_3$ 溶液滴定生成的 I_2 可间接测定有效氯的含量。其有关的反应如下：

$$ClO^- + 2H^+ + 2I^- = I_2 + Cl^- + H_2O$$

$$ClO_2^- + 4H^+ + 4I^- = 2I_2 + Cl^- + 2H_2O$$

$$ClO_3^- + 6H^+ + 6I^- = 3I_2 + Cl^- + 3H_2O$$

$$2S_2O_3^{2-} + I_2 = S_4O_6^{2-} + 2I^-$$

【仪器试剂】

天平(0.000 1 g)，台秤(0.1 g)，称量瓶，烧杯(100 mL)，容量瓶(100 mL)，碘量瓶或具塞锥形瓶(250 mL)，量筒(20 mL，10 mL，5 mL)，移液管(20 mL)，酸式滴定管(棕色，50 mL)，试剂瓶(棕色，250 mL)，H_2SO_4(3 mol/L)，KI(10%)，淀粉(1%)，$K_2Cr_2O_7$(0.020 4 mol/L 标准溶液)，$Na_2S_2O_3 \cdot 5H_2O$(固)，Na_2CO_3(固)，漂白粉精片或漂白粉，洗耳球，滤纸。

【实验步骤】

1. $Na_2S_2O_3$(0.1 mol/L)溶液的配制及标定[此步骤一般由教师提前完成]

称取 2.5 g $Na_2S_2O_3 \cdot 5H_2O$ 于烧杯中，加入 100 mL 新煮沸并冷却的蒸馏水溶解后，加入约 0.02 g 的 Na_2CO_3，贮存于棕色试剂瓶中，放置于暗处 3～5 d 后标定。

准确移取 5.00 mL$K_2Cr_2O_7$ 标准溶液，置于 50 mL 碘量瓶中，加入 1 mL(1∶1)HCl 0.2 g KI，摇匀，加盖，放置暗处 5 min，待反应完全后，加入 20 mL 蒸馏水，用待标定的 $Na_2S_2O_3$ 溶液滴定至淡黄色，然后加入 8 滴淀粉指示剂，继续滴定至溶液呈现绿色，即为终点。计算出 $Na_2S_2O_3$ 的浓度。

2. 漂白粉试液(悬浮液)的配制

准确称取漂白粉 0.9 g 左右，置于研钵中研细，转入烧杯，加入少许蒸馏水调成糊状，将上层清液定量转移至 100 mL 容量瓶中，用水稀释至刻度，摇匀。

3. 有效氯含量的测定

准确移取 20.00 mL 漂白粉试液于锥形瓶中，加入 6 mL 3 mol/L 的 H_2SO_4 溶液和10 mL 10%的 KI，加盖摇匀，于暗处放置 5 min 后，取出加 20 mL 蒸馏水，立即用 $Na_2S_2O_3$ 标准溶液滴定至溶液呈淡黄色后，再加入 2.0 mL 淀粉溶液，继续用 $Na_2S_2O_3$ 溶液滴定至溶液蓝色刚好消失，即为终点。平行测定3次，计算样品中有效氯的含量。

【思考题】

1. 漂白液中有效氯的含量测定为什么要在碘量瓶中进行？
2. 当有效氯以Cl%或Cl_2%表示时，其计算公式分别如何表达？

实验二十二　邻二氮菲分光光度法测定铁

【实验目的】

1. 通过实验了解分光光度法测定物质含量的一般条件及选定方法。

2. 掌握邻二氮菲分光光度法测定铁的方法。

3. 通过实验了解 722S 型分光光度计的构造和使用方法。

【实验原理】

邻二氮菲(又称邻菲罗啉)是测量铁的一种较好试剂。在 pH2～9 的溶液中,试剂与 Fe^{2+} 生成稳定的红色络合物,其 $\lg K_{稳}=21.3$,摩尔吸光系数 $\varepsilon_{508}=1.1\times10^4$。反应如下:

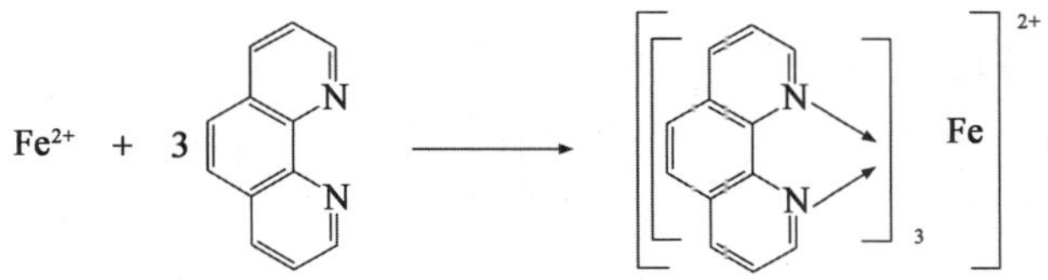

如果铁以 Fe^{3+} 形式存在,可预先用还原剂盐酸羟胺 $NH_2OH\cdot HCl$ 或对苯二酚将 Fe^{3+} 还原进行测定。

$$2Fe^{3+}+2NH_2OH\cdot HCl\rightarrow 2Fe^{2+}+N_2\uparrow+2H_2O+4H^++2Cl^-$$

本法的选择性很高,相当于含铁量 40 倍的 Sn^{2+}、Al^{3+}、Mg^{2+}、Zn^{2+}、SiO_3^{2-}、20 倍的 Cr^{3+}、Mn^{2+}、PO_4^{3-}、5 倍的 CO^{2+}、Cu^{2+}、Ni^{2+} 等均不干扰测定。

【仪器和药品】

仪器:722S 型分光光度计、1 cm 比色皿一套、25 mL 比色管或容量瓶 6 只、5 mL 移液管 1 支、1 mL 和 2 mL 吸量管各一个。

药品:5.00 μg/mL 铁标准溶液、0.15%邻二氮菲水溶液(新配置)、10%盐酸羟胺水溶液(临用时配置)、NaAc 缓冲溶液。

【实验步骤】

1. 吸收曲线的制作

用移液管吸取 5.00 μg/mL 铁标准溶液 10.00 mL 于 25 mL 比色管(或容量瓶)中,加入 10%盐酸羟胺 2 mL,摇匀,再加入 2 mL 0.15%邻二氮菲溶液,5 mL 醋酸钠缓冲溶液,以水稀释到标线,摇匀,10 min 后在 722S 型分光光度计上使用 1 cm 吸收槽,在不同波长下(从 540～470 nm 间每隔 10 nm 测定一次吸光度)测定相应的吸光度,以波长为横坐标,吸光度为纵坐标,绘制吸收曲线,从而选择测量铁的适宜波长(一般选用最大吸收波长 λ_{max})。采用试剂空白(0.00 mL 标准铁溶液)为参比溶液。

2. 标准曲线的制作

取 6 支 25mL 比色管,用吸量管分别加入 0.00、2.00、4.00、6.00、8.00、10.00 mL 铁的标准溶液(10.00 μg/mL),再各加入 10%盐酸羟胺 2 mL,摇匀后加入 0.15%邻二氮菲 2 mL 及

醋酸钠缓冲溶液 5 mL，以水稀释到标线，摇匀，以不含铁的试剂空白溶液作参比，用 1 cm 比色皿，在 510 nm 处测定各溶液的吸光度。

3. 未知液中微量 Fe^{2+} 的测定

用吸量管吸取 10 mL 未知溶液于 25 mL 比色管中依次加入 1 mL 盐酸羟胺溶液，摇匀后加入 2 mL 0.15%邻二氮菲溶液和 5 mL NaAc 缓冲溶液，以水稀释至刻度，摇匀，在所选的波长下以试剂空白作参比测定其吸光度 A_x。

①工作曲线法。根据标准曲线找出相应的浓度，计算未知液中铁的含量。

②比较法。根据 Beer 定律由 1 中标准溶液在 510 nm 下的吸光度 A_s，利用 $\frac{\varepsilon b C_s}{\varepsilon b C_x}=\frac{A_s}{A_x}$，$C_x=\frac{A_x}{A_x}C_s$，计算未知液中铁的含量。

【附注一】

(1)标准铁溶液的配制。准确称取 0.070 3 g 分析纯硫酸亚铁铵[$(NH_4)_2Fe(SO_4)_2 6H_2O$]于 100 mL 烧杯中，加 50 mL 1 mol/L HCl，完全溶解后移入 2 L 容量瓶中并用水稀释至刻度，摇匀，即含铁(Fe^{2+})5.00 μg/mL 的标准铁盐溶液。

(2)醋酸-醋酸钠缓冲溶液(pH=4.6)的配制。称取 136 g 分析纯醋酸钠，加 120 mL 冰醋酸，加水溶解后稀释到 500 mL。

【思考题】

1. 邻二氮菲法测定铁时，为什么在测定前需加入还原剂盐酸羟胺？写出反应方程式。
2. 什么叫吸收曲线？什么叫标准曲线？
3. 试讨论如何选择光度法测定条件？

【附注二】

722S 型分光光度计的使用方法。

1. 预热

仪器开机后灯及电子部分需热平衡，故开机预热 30 min 后才能进行工作，如紧急应用时请注意随时调 0，调 100%T。

2. 调零($T=0$)

目的：校正基本读数标尺二端(配合 100%T 调节)，进入正确状态；

调整时机：开机预热 30 min 后，每次改变测试波长时或测试一段时间，以及作高精度测试前；

操作：打开试样盖(关闭光门)或用不透光材料在样品室中遮断光路，按"MODE"(方式键)先调至"Trans"(透光率挡)灯亮，然后按"0%AD"键，即能自动调整零位。

3. 调整 100%T

目的：校正基本读数标尺二端(配合调零)，进入正确测试状态；

调整时机：开机预热 30 min 后，每次更换测试波长或测试一段时间后，以及作高精度测试前(一般在调零前应加一次 100%T 调整以使仪器内部自动增益到位)；

操作：将用作背景的空白样品置入样品室光路中，盖下试样盖(打开光门)，按"MODE"，调至 Trans 灯亮，按下"100%T"键即能自动调整 100%T(一次有误差时可加按一次)；

注：调整 100％时整机自动增益系统重调可能影响 0％，调整后请检查 0％，如有变化可重调 0％一次。

4. 调整波长

使用仪器上唯一的旋钮(图 3-22)中 17，即可方便地调整仪器当前测试波长，具体波长由旋钮左侧的显示窗(图 3-22)中 16 显示，读出波长时目光垂直观察(图 3-23)。

注：本仪器因采用机械联动切换滤光片装置，故当旋钮转动经过 480 nm 时会有金属接触声如在 480～1 000 nm 间存在轻微金属摩擦声，属正常现象。

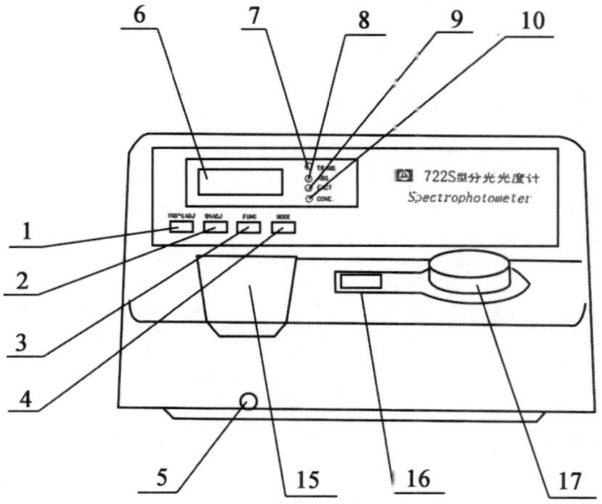

图 3-22　722S 分光光度计正面示意图

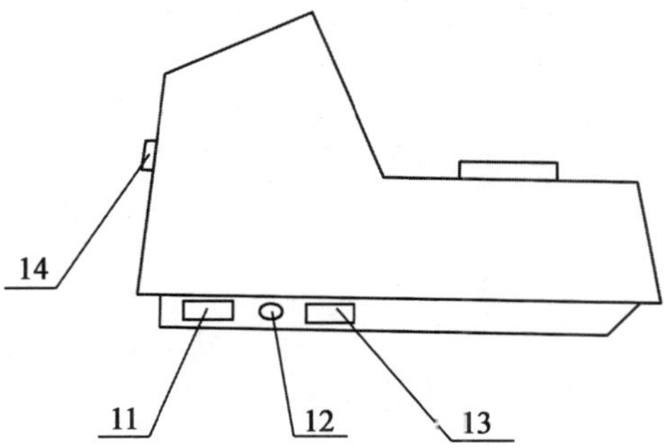

图 3-23　722S 分光光度计侧面示意图

5. 改变试样槽位置让不同样品进入光路

仪器标准配置中试样槽架是四位置的，用仪器前面的试样槽拉杆来改变，打开样品室盖可以观察样品槽中的样品位置，最靠近测试者的为“0”位置，依次为“1”、“2”、“3”位置。对应拉杆推向最内为“0”位置，依次向外拉出相应为“1”、“2”、“3”位置，当拉杆到位时有定位感，到位时请前后轻轻推动一下以确保定位正确。

6. 具体步骤

①比色皿装样：注意装到 3/4 容积处，不要装满。再用擦镜纸将外壁拭干。

②装入比色皿：注意手不能摸比色皿光面，使光路通过比色皿光面。

③开盖调零($T=0$)，合盖调 $T=100\%$(反复调整)，再按“MODE”至“ABS”灯亮(应指示 0.000)，依次往外拉出拉杆，读出吸光度。

实验二十三　磷钼蓝分光光度法测磷含量

【实验目的】

1. 掌握磷的比色分析方法(分光光度法)。

2. 进一步熟悉 722S 型分光光度计的原理及使用方法。

【实验原理】

测定试液中低含量的磷,常用钼蓝比色法。

在含有少量 PO_4^{3-} 的酸性溶液中加入钼酸铵试剂先生成黄色的磷钼黄胶体溶液,反应如下:

$$PO_4^{3-}+3NH_4^{+}+12MoO_4^{2-}+24H^{+}=\underset{\text{(磷钼黄)}}{(NH_4)_3PO_4\cdot(MoO_3)_{12}\cdot 6H_2O}+6H_2O$$

加入适当的还原剂如抗坏血酸-氯化亚锡联合还原剂把磷钼黄还原为颜色更深、ε 更大的磷钼蓝,使测定的灵敏度增高。

$$\text{磷钼黄(高价钼)}\xrightarrow{\text{联合还原剂}}\text{磷钼蓝(低价钼)}$$

待显色完毕后,在 $\lambda_{max}=660$ nm,以蒸馏水做空白,用工作曲线法在分光光度计上测定系列标准溶液和待测试液的吸光度,制出磷的工作曲线(标准曲线),再以待测溶液的吸光度在工作曲线上查得相应的待测样品的质量浓度 $\rho_{(测)}$,从而计算出未知样品的磷含量。

①液体样品:

$$\rho_{(样)}=\frac{\rho_{(测)}\times \text{比色体积}\ V}{\text{吸取样品体积}\ V_1}$$

②固体样品:

$$W(P_2O_5)=\frac{\rho_{(测)}\times \text{比色体积}\ V\times K}{\text{样品重}(m_s)\times 10^6}\times 100\%$$

$$K=\frac{\text{制得样液体积(mL)}}{\text{所取制得样液体积(mL)}}$$

式中,$\rho_{(测)}$ 为从标准曲线上查出的待测 P_2O_5 的质量浓度;V 为用作比色液的体积(25 mL);K 为未知试液稀释的倍数;m_s 为样品重(g)。

【实验用品】

仪器:722S 型分光光度计,1 cm 比色皿 1 套,25 mL 比色管或容量瓶 6 个,5 mL 移液管 1 支,5 mL 和 10 mL 吸量管各 1 个。

药品:4%盐酸钼酸铵溶液,2%抗坏血酸溶液,0.5% $SnCl_2$ 溶液,标准磷溶液,待测磷溶液。

【实验步骤】

1. 磷标准曲线的绘制

用吸量管分别吸取质量浓度 ρ 为 20 μg/mL P_2O_5 标准溶液 1.0,2.0,3.0,4.0,5.0 mL,置

于5个25 mL比色管或容量瓶中，各加入5 mL蒸馏水，5滴2%抗坏血酸和2.5 mL 4%盐酸-钼酸铵(保持整个溶液体积在15 mL以下)，放置5 min后，加入3滴0.5% $SnCl_2$，稀释到刻度，摇匀，放置10 min后用1 cm比色皿在 $\lambda=660$ nm、以蒸馏水做空白下，测其吸光度，绘制工作曲线。

2. 未知磷试液的测定

用吸量管吸取待测磷试液5.0 mL，置于25 mL比色管中，用上述方法测其吸光度。

【附注】

(1)4%盐酸钼酸铵溶液：称40 g钼酸铵(A.R)溶于600 mL浓HCl($\rho=1.19$ g/mL)中，慢慢加入400 mL水混匀，溶液中盐酸的浓度为7.2 mol/L。

(2)2%抗坏血酸溶液：称0.5 g抗坏血酸(A.R)溶于25 mL蒸馏水中(新煮沸再冷却的蒸馏水)。

(3)0.5% $SnCl_2$ 溶液：称0.2 g $SnCl_2$(A.R)，用浓盐酸溶解，加蒸馏水稀释到40 mL(新煮沸再冷却的蒸馏水)、加入少量Sn粒防止氧化。

(4)标准磷溶液：称取磷酸二氢钾(GR)0.479 3 g溶于少量蒸馏水后，定量转入250 mL容量瓶中，稀释到刻度摇匀。此溶液的质量浓度 $\rho(P_2O_5)=1$ mg/mL，吸取上述溶液5 mL于容量瓶中并稀释到250 mL，此溶液 ρ 为20 μg/mL P_2O_5 标准液。

【思考题】

1. 如显色剂抗坏血酸放置时间太久，对测定有何影响？

2. 如样品中含磷较高，加入钼酸铵后，有沉淀生成，应如何处理才能得到较满意的结果？

3. 比色测定中一般应注意的问题有哪些？

第五部分　制备实验

实验二十四　氯化钠的精制

【实验目的】

通过本实验，掌握氯化钠提纯的原理和方法，学习溶解、沉淀、过滤、蒸发浓缩、重结晶、烘干等有关分离、提纯的操作，了解 Ca^{2+}、Mg^{2+}、SO_4^{2-} 等有关离子的定性鉴定。

【实验原理】

氯化钠试剂，医用生理盐水所用的盐都是以粗盐为原料进行提纯的。粗盐中的主要杂质除含有泥、砂等不溶性杂质，还含有 Ca^{2+}、Mg^{2+}、SO_4^{2-}、K^+、CO_3^{2-} 等可溶性杂质。选用合适的试剂（如 $BaCl_2$，Na_2CO_3，HCl 溶液）使可溶性杂质形成沉淀，与粗盐中的不溶性杂质一起除去。

氯化钠的水溶液中，加入 $BaCl_2$ 溶液，与硫酸根形成沉淀：

$$Ba^{2+} + SO_4^{2-} = BaSO_4\downarrow$$

再加入饱和 Na_2CO_3 溶液使 Ca^{2+}，Mg^{2+} 及过量的 Ba^{2+} 形成沉淀：

$$Ca^{2+} + CO_3^{2-} = CaCO_3\downarrow$$

$$4Mg^{2+} + 4CO_3^{2-} + H_2O = Mg(OH)_2 + 3MgCO_3\downarrow + CO_2\uparrow$$

$$Ba^{2+} + CO_3^{2-} = BaCO_3\downarrow$$

过量的 Na_2CO_3 用盐酸中和，由于 KCl 的溶解度大于 NaCl 且在粗食盐中含量少，因此，在蒸发浓缩时 NaCl 首先析出，而 KCl 仍留在溶液中，通过以上的方法，可得到提纯的氯化钠晶体。

【实验用品】

仪器：台秤、药匀、250 mL 烧杯、玻棒、50 mL 量筒、酒精灯、石棉网、三脚架、洗瓶、布氏漏斗、有柄蒸发皿（150 mL）、pH 试纸、试管、滤纸。

药品：1 mol/L $BaCl_2$，6 mol/L HCl，饱和 Na_2CO_3，粗盐，6 mol/L NaOH，饱和 $Na_2C_2O_4$，稀硫酸（2～3 mol/L）。

【实验步骤】

1. 溶解粗盐

称 5 g 粗盐，放于烧杯中，加 25 mL 水，加热搅拌，使之加快溶解，余下少量不溶杂质。

2. 除去 SO_4^{2-}

往热的溶液中边搅拌边滴加 1 mol/L 的 $BaCl_2$ 2～3 mL，在继续加热 5 min，取下烧杯，待沉淀后，沿烧杯壁滴 $BaCl_2$ 溶液，若上层清液出现混浊则表示 SO_4^{2-} 未除尽，应再加 $BaCl_2$ 除去 SO_4^{2-}。

3. 除去 Ca^{2+}、Mg^{2+}、Ba^{2+} 等

继续加热溶液，边搅拌边滴加饱和 Na_2CO_3 溶液至不再生成沉淀为止，然后再多加 0.5 mL 饱和 Na_2CO_3 溶液，这时 Ca^{2+}、Mg^{2+}、Ba^{2+} 都生成难溶的碳酸盐，碱式碳酸盐或氢氧化物沉在烧杯底部。

4. 除去 CO_3^{2-}

静置，用布氏漏斗减压过滤，弃去沉淀，将滤液转移到有柄蒸发皿中，并滴加 6 mol/L HCl，中和过剩的 Na_2CO_3 溶液，使溶液呈微酸性(pH5～6)，加热并不断搅拌，使 CO_3^{2-} 转化成 CO_2 而除去。

5. 蒸发结晶

继续加热，蒸发至溶液成稀粥状为止，使溶液冷却，然后用布氏漏斗抽气过滤，将晶体取出，用碎滤纸片轻压晶体，吸干母液(时间允许可烘干)。

6. 称量、计算产率

7. 产品纯度检验

取少量提纯后的氯化钠，加少量的水使其溶解，分别盛于 3 只试管中。

a. SO_4^{2-} 的检验：在第一只试管中加入 2 滴 6 mol/L HCl 再加入 3 滴 1 mol/L $BaCl_2$ 观察有无沉淀。因为 Ba^{2+} 剧毒，故在检验完毕，须在试管中加入 1 mL 稀 H_2SO_4(2～3 mol/L)或 Na_2SO_4 溶液摇匀，放置 5～10 min，再倒入指定的废液桶。

b. Ca^{2+} 的检验：在第二只试管中滴加几滴饱和 $Na_2C_2O_4$ 溶液，观察有无沉淀。

c. Mg^{2+} 的检验：在第三只试管中加入几滴 6 mol/L NaOH 溶液，使其溶液呈碱性，再加几滴镁试剂(对硝基偶氮间苯二酚)溶液，若溶液呈蓝色，则有 Mg^{2+}，若仍为紫色，表示无 Mg^{2+} 存在。

用同样的方法检验粗食盐并比较。

【思考题】

1. 5 g 粗盐加 25 mL 水，所得的溶液是否饱和？为什么不配成饱和溶液？

2. 如何检查离子沉淀完全与否？

3. 在加入沉淀剂将 Ca^{2+}、Mg^{2+}、Ba^{2+}、SO_4^{2-}、CO_3^{2-} 等转入沉淀时，加不加热对分离操作有何影响？

4. 如果产率过高，可能的原因是什么？

选做　从粗盐制备 $NaHCO_3$

【实验原理】

$$NH_4HCO_3 + NaCl \longrightarrow NaHCO_3 + NH_4Cl$$

因此，在实验室里直接使用 NH_4HCO_3 和 NaCl，并选择在特定的浓度与温度条件下进行反应。

将不同温度下各种纯盐在水中的溶解度作相互比较，可以粗略地估计出从反应的体系中分离出某些盐的较好条件和适宜的操作步骤。反应中出现的四种盐在水中的溶解度见表 3-21。

表 3-21　NaCl 等四种盐在不同温度下的溶解度　　g/100 g H_2O

盐	温度/℃										
	0	10	20	30	40	50	50	70	80	90	100
NaCl	25.7	35.8	36.0	36.3	36.6	37.0	37.3	37.8	38.4	39.0	39.8
NH_4HCO_3	11.9	15.8	21.0	27.0	—	—	—	—	—	—	—
$NaHCO_3$	6.9	8.15	9.6	11.1	12.7	14.5	16.4	—	—	—	—
NH_4Cl	29.4	33.3	37.2	41.4	45.8	50.4	55.2	60.2	65.6	71.3	77.3

由此可以看出反应温度应控制在 30～35℃之间(由上表所给的信息及所学知识解释为什么控制在此温度范围)。

【实验步骤】

1. 去杂

量取 20 mL 饱和粗盐溶液，放在 100 mL 烧杯中加热至近沸，保持在此温度下用滴管逐滴加入饱和 Na_2CO_3 溶液，调节 pH 至 10 左右，此时溶液中有大量胶状沉淀物[$Mg(OH)_2 \cdot MgCO_3 \cdot CaCO_3$]析出，继续加热至沸，趁热常压过滤，弃去沉淀，滤液转入 150 mL 烧杯中，再用 6 mol/L HCl 调节溶液至 7 左右。

2. 复分解反应

将盛有上述滤液的烧杯放在控制温度为 30～35℃之间的水浴中，在不断搅拌下加入研细的 8.5 g NH_4HCO_3 分数次(5～8 次)全部投入滤液中。加完后，继续保持此温度连续搅拌约 30 min 使反应充分进行，从水浴中取出后稍静置，用抽滤法除去母液，白色晶体即为 $NaHCO_3$，停止抽滤，在产品上均匀滴加 1∶1 的乙醇水溶液(用 $NaHCO_3$ 饱和过的)使之充分润湿(不要加很多)，然后再抽吸，使晶体中的洗涤液被抽干，如此重复 3～4 次，将大部分吸附在 $NaHCO_3$ 上的铵盐及过量的 NaCl 洗去。

【思考题】

1. 为什么在洗涤 $NaHCO_3$ 时要用 $NaHCO_3$ 饱和的乙醇洗涤液，且不能一次多加洗涤液，而要采用少量多次地洗涤？

实验二十五　乙酸异戊酯的制备

【实验目的】

1. 了解酯化反应的原理和乙酸异戊酯的制备过程。

2. 熟练掌握蒸馏、回流、萃取、液态有机物的洗涤和干燥等基本操作。

【实验原理】

乙酸异戊酯是羧酸的衍生物之一，它是由乙酸分子羧基上的羟基被异戊醇分子中的烷氧基所取代而生成的有机物。在少量浓硫酸催化下，乙酸和异戊醇酯化而制备乙酸异戊酯。

$$(CH_3)_2CHCH_2CH_2OH + CH_3COOH \overset{H^+}{\rightleftharpoons} CH_3\overset{\overset{\displaystyle O}{\|}}{C}OCH_2CH_2CH(CH_3)_2 + H_2O$$

在生成乙酸异戊酯的同时还有副反应发生。由于酯化反应是可逆反应，达平衡后，酯的生成量就不再增加，为了提高酯的产量，使反应平衡向右进行，通常采用过量的羧酸或醇，或者采用不断地把产生的酯和水移走，或者两者同时并用；从而提高乙酸异戊酯的生产率。此外，浓硫酸还具有脱水作用，吸取反应生成的水，也有利于酯化反应的进行。

因反应产物中有少量的副产物，水和未反应完的乙酸和异戊醇等杂质，所以必须进行洗涤以除去这些杂质。产物用无水硫酸镁（或无水硫酸钠）干燥，蒸馏后可得到纯粹的乙酸异戊酯。

【实验用品】

仪器：圆底烧瓶（100 mL，1 个）、球形冷凝管、分液漏斗（125 mL，1 个）、量筒（25 mL，1 个）、台秤、电热套。

药品：冰乙酸（ρ= 1.050 g/mL）(C. P)、异戊醇（ρ=0.820 g/mL）(C. P)、浓硫酸、碳酸钠溶液（10%）、饱和氯化钙溶液、无水硫酸镁（或无水硫酸钠）、饱和食盐水。

【实验步骤】

在圆底烧瓶中慢慢加入 21 mL 异戊醇，18 mL 冰乙酸，1 mL 浓硫酸，边加边旋动圆底烧瓶，然后加几粒沸石或碎瓷片到混合物中，装上回流装置，加热沸腾回流 1 h，移去热源，使反应产物冷却至室温，倒入分液漏斗中，用 30 mL 水洗涤静置分层后弃去水层，再加 10 mL 10% 碳酸钠溶液，慢慢旋动分液漏斗直至 CO_2 不再逸出，塞上塞子振荡漏斗，直到打开活塞无气体排出为止，弃去下层水层，再加 5 mL 10%碳酸钠溶液洗涤，直至水层呈碱性，弃去水层，用饱和食盐水洗至中性（每次加 5～10 mL 饱和食盐水），然后用等体积的饱和氯化钙溶液（若饱和氯化钙溶液混浊，使用前应过滤除杂）洗涤，有机层倒入干燥的锥形瓶中，加 2 g 无水硫酸镁（或无水硫酸钠）干燥至液体清亮透明，粗产品倒入指定容器，待进一步纯化。

【附注】

1. 用饱和氯化钙溶液洗涤时，振荡要充分，时间要长一些。

2. 硫酸用量不能过多。当硫酸用量较多时，由于它能起脱水作用而增加酯的产率，但硫酸用量过多时由于高温时的氧化作用反而对反应不利。

3. 检查有机相酸性时，先将蓝色石蕊试纸润湿，再在上面加半滴被测液体，如果显红色则仍为酸性。

4. 用饱和食盐水洗涤的目的有两个：一是洗去酯层中的碳酸钠，若不洗去，紧接着就用氯化钙溶液洗涤，有可能产生絮状的碳酸钙沉淀，使进一步分离变得困难；二是酯在饱和食盐水中的溶解度比在水中小，用饱和食盐水洗涤可减少酯的损失。

5. 萃取操作见氨基酸纸色谱实验。

【思考题】

1. 在实验中如何创造条件使酯化反应尽可能向生成物方向进行？
2. 酯层中有少量酸，能否用氢氧化钠来除去？为什么？
3. 在用氯化钙溶液洗涤醇之前，为什么要先用饱和食盐水洗涤？能否用水代替？
4. 回流操作注意事项有哪些？
5. 简述萃取的原理及其具体操作步骤。

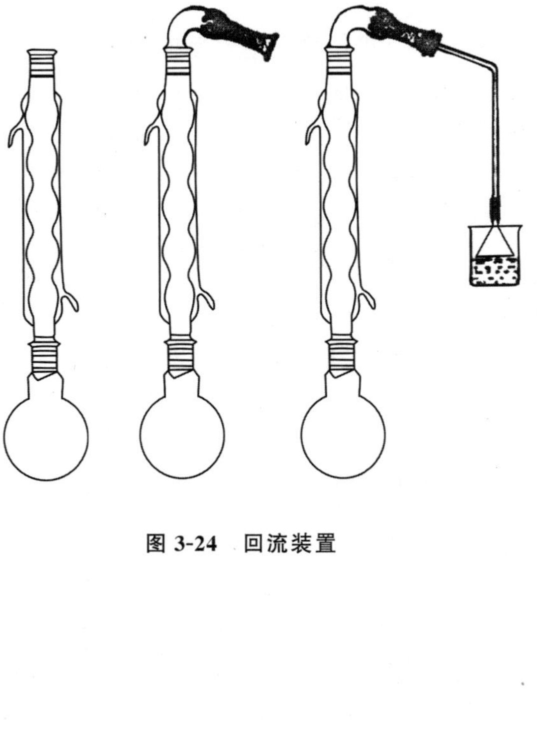

图 3-24 回流装置

实验二十六　乙酰苯胺的制备

【实验目的】

掌握苯胺乙酰化反应的原理和操作，熟悉巩固固体有机物提纯方法——重结晶。

【实验原理】

苯胺很容易进行酰基化反应，即氨基中的氢原子被酰基取代，常用酰基化试剂有冰乙酸、乙酸酐、乙酰氯等，但单用冰乙酸反应较缓慢，用冰乙酸和乙酸酐的混合物，反应快多了。另外，乙酰化反应在有机合成中常用来保护芳香环上的氨基，使其不被反应试剂破坏。如苯胺在与具有氧化性的硝酸、氯气等反应时，通常都需要乙酰化保护氨基，以防氧化。氨基经乙酰化保护后，尽管其定位效应不改变，但对芳环的活化能力降低了，可使反应由多元取代变为有用的一元取代。同时由于乙酰基的空间效应，往往使乙酰氨对位的反应较邻位高，生成选择性的对位取代物。因此，氨基的乙酰化在有机合成中应是很有用的。主反应：

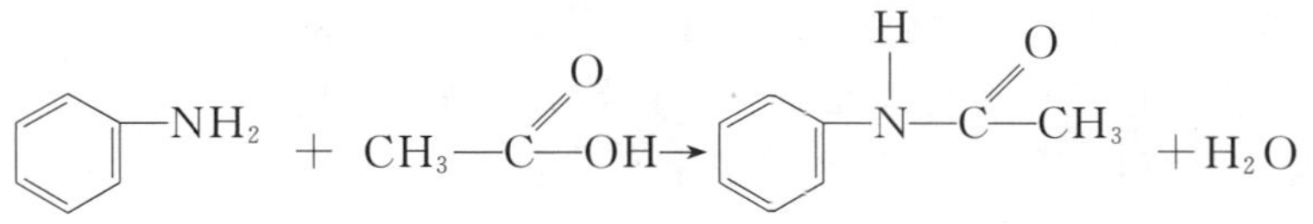

本实验采用均相反应，苯胺转化率较高，没有反应不完全产生的包裹现象，同时采用半微量合成，减少了苯胺的污染。

【实验药品】

苯胺 1 mL (0.011 mol)、乙酸酐 1.2 mL (0.013 mol)、醋酸钠 1.6 g (0.019 mol)、浓盐酸。

【实验步骤】

向 50 mL 烧杯中，先加入 18 mL 水，1 mL 浓盐酸或 2 mL 稀盐酸(1∶1)，搅拌下加入 1 mL(0.01 mol)苯胺，再加入少量活性炭[注 1]，把溶液煮沸 1 min，趁热过滤除去活性炭及不溶性杂质，向接收滤液的锥形瓶内加入 1.2 mL (0.013 mol)乙酸酐，并且立即加入 2.5 mL 预热到 50℃的溶有 1.6 g (0.019 mol)醋酸钠的水溶液，充分搅拌后，冰浴，使其结晶，抽滤，晶体用少量冷水洗涤[注 2]，抽滤、干燥，得产品 0.8～1 g，熔点 113～114℃。

注意事项：苯胺是致癌物，切勿接触皮肤及黏膜部位，若不慎溅到皮肤上，可用乙醇洗涤。同时，取用苯胺的量筒可用盐酸液反复洗涤几次倒入到反应的烧杯中，不要轻易将废弃苯胺弃入废液桶或环境中。

【附注】

1. 加入活性炭的量根据苯胺颜色的深浅而定。
2. 乙酰苯胺在 100℃时 100 mL 水中溶解 0.84 g，20℃时溶解 0.46 g。

第六部分　设计型实验

在积累了一定的化学实验基本操作训练和制备及定量分析的方法后，设计实验是培养学生针对实际生产及生活中的化学问题，主动学习、提高综合运用能力的一种有效途径。同时，设计型实验往往极大地提高了学生学习化学的兴趣并成为他们进行实验研究工作的起点。设计实验与前面的基本实验不同，要求学生为主体，教师起指导作用。

首先，实验课题可以是实验教材给出的，也可以是实验室拟定或学生自拟的，但学生要了解课题的意义并自行从可实施的项目中选题。如废弃物处理、绿色化学、天然产物提取、食品检验等都是学生常选的题目。

其次，设计型实验不一定要求一次成功，实验的成功当然会激发学生创新灵感，但从实验失败的经验中不断总结完善更能提高学生分析问题、解决问题的能力，并促使他们更深入地学习新知识，培养他们坚韧不拔的意志品质和求真务实的科学态度。

设计型实验应包括以下几个方面的任务和要求：

1. 选题：从给定的项目中选出难度适中的题目，鼓励学生自行拟题。

2. 查阅资料，自行设计实验方案。教师起指引的作用，并不给出具体的方案。可参考教材中的提示，但不要拘泥于此。可利用工具书、期刊、教科书、标准等，还要很好地利用网络资源。实验方案包括目的意义、原理方法、实验用品、实验内容等。此外，实验方案要切实可行，内容要具体，如试剂要注明级别、浓度、用量、配制方法，仪器要有规格、数量，实验步骤越详细越好。

3. 实验方案交教师审阅，批准后领用实验用品，独立完成实验前的准备工作。

4. 按规范进行实验，凡涉及安全的步骤及改动应在教师的指导下完成。实验中不断改进实验方法，勤于思考，认真如实地记录实验过程，不放过任何异常现象，不要主观地先下结论。

5. 给出实验报告。按课题意义、实验原理、实验步骤及现象、数据处理、讨论、参考文献的格式写出实验报告，形式如小论文。

实验二十七　含铬废水处理

【内容和要求】

1. 设计方案对含铬(Ⅵ)废液进行处理。
2. 设计方案对定量分析实验中亚铁盐测定中的含铬(Ⅵ)废液进行处理。
3. 设计方案对前两步所得含铬废渣固定化。
4. 设计铬(Ⅵ)的含量分析。

选其中1～2项即可。

【提示】

1. 含铬(Ⅵ)废液可先转化成铬(Ⅲ)废液，再转化成沉淀，如磁性铁氧体。
2. 由沉淀而得含铬废渣可用玻璃化、水泥固化等将其固定化。
3. 利用滴定或分光光度法测废液中微量铬(Ⅵ)。

实验二十八　茶叶中茶多酚的提取与含量测定

【内容和要求】

1. 用无害溶剂从茶叶中提取茶多酚。
2. 分离、纯化茶多酚粗品。
3. 定量分析茶多酚产品含量。

【提示】

1. 茶多酚本身极性较大，可先溶于极性溶剂后浓缩、干燥。
2. 通过色谱层析可纯化茶多酚粗品。
3. 鉴定与分析茶多酚产品主要基于此类化合物自身所含酚羟基和化学性质。

实验二十九 类胡萝卜素植物色素的色谱分离与仪器分析

【内容和要求】

1. 使用低毒溶剂提取胡萝卜素、番茄红素等类胡萝卜素植物色素。
2. 用层析法分离色素。
3. 用紫外光谱等方法测定所得色素。

【提示】

1. 类胡萝卜素植物色素一般易溶于非极性溶剂中。
2. 可以试验选用低毒的展开剂进行色谱分离。
3. 利用色素中共轭双键的特点，可使用可见及紫外分光光度计。

实验三十　黄连素的提取

【内容和要求】

1. 学习并设计黄连素等生物碱的提取。
2. 分离所提取的生物碱。
3. 利用实验室现有条件进行鉴定。

【提示】

1. 利用黄连素的盐酸盐或硫酸盐的溶解性。
2. 可以使用测熔点等方法来鉴定。

实验三十一　橙油的提取

【内容和要求】

1. 用一种温度不是太高的方法提取橙皮中的精油。
2. 对所提橙油进行初步鉴定。

【提示】

1. 对某些难溶于水且沸点较高的有机化合物，可用水蒸气蒸馏的方法提纯。
2. 橙油是一类折光率、沸点很相近的有机化合物，多具旋光性。

实验三十二 从含 Cr(Ⅵ)废 Ag 液中回收 Ag

【内容和要求】

1. 设计方案，从同时含 Cr(Ⅵ)、Ag^+ 的废液中分离回收 Ag，并将 Cr(Ⅵ)予以处理。
2. 通过定量分析检测分离的 Ag 中 Cr 的含量。

【提示】

1. 可以利用 Ag 盐溶度积的不同进行分离。
2. Cr(Ⅵ)的处理和检测可参见实验二十七。
3. 对沉淀分离出的 Ag 盐可以通过还原或热分解等方法得到单质 Ag。
4. Ag 盐沉淀还可通过加 HNO_3 处理得到 $AgNO_3$。

附　　录

附录一　弱电解质的电离常数

化学式	电离常数(K)	pK
HAC	1.75×10^{-5}	4.756
H_2CO_3	$K_1=4.37\times10^{-7}$	6.36
	$K_2=4.68\times10^{-11}$	10.33
$H_2C_2O_4$	$K_1=5.89\times10^{-2}$	1.23
	$K_2=6.46\times10^{-5}$	4.19
HNO_2	7.24×10^{-4}	3.14
H_3PO_4	$K_1=7.08\times10^{-3}$	2.15
	$K_2=6.31\times10^{-8}$	7.20
	$K_3=4.17\times10^{-13}$	12.38
SO_2+H_2O	$K_1=1.29\times10^{-2}$	1.89
	$K_2=6.16\times10^{-8}$	7.21
H_2SO_4	$K_2=1.02\times10^{-2}$	1.99
H_2S	$K_1=1.07\times10^{-7}$	6.97
	$K_2=1.26\times10^{-13}$	12.90
HCN	6.17×10^{-10}	9.21
H_2CrO_4	$K_1=9.55$	−0.98
	$K_2=3.16\times10^{-7}$	6.50
HF	6.61×10^{-4}	3.18
H_2O_2	2.24×10^{-12}	11.65
$NH_3\cdot H_2O$	1.79×10^{-5}	4.75
NH_4^+	5.56×10^{-10}	9.25
HClO	2.88×10^{-8}	7.54
HBrO	2.06×10^{-9}	8.69
HIO	2.3×10^{-11}	10.64
$Pb(OH)_2$	9.6×10^{-4}	3.02
AgOH	1.1×10^{-4}	3.96
$Zn(OH)_2$	9.6×10^{-4}	3.02
NH_2OH	1.07×10^{-8}	7.97
$NH_2\cdot NH_2$	1.7×10^{-6}	5.77

摘自 J A Dean Ed. Lange's Handbook of Chemistry. 13th. ed，1985.

近似浓度 0.001～0.003 mol/L，温度 298 K.

附录二 溶度积常数(298 K)

化合物	溶度积(K_{sp})	化合物	溶度积(K_{sp})	化合物	溶度积(K_{sp})
AgAc	1.94×10^{-3}	* $SrCrO_4$	2.2×10^{-5}	$PbSO_4$	1.82×10^{-8}
AgBr	5.35×10^{-13}	* AgOH	2.0×10^{-8}	$SrSO_4$	3.44×10^{-7}
AgCl	1.77×10^{-10}	* $Al(OH)_3$(无定形)	1.3×10^{-33}	Ag_2S	6.69×10^{-50}
AgI	8.51×10^{-17}	* $Be(OH)_2$(无定形)	1.6×10^{-22}	CdS	1.40×10^{-29}
BaF_2	1.84×10^{-7}	$Ca(OH)_2$	4.68×10^{-6}	* CoS	2.0×10^{-25}
CaF_2	1.46×10^{-10}	$Cd(OH)_2$(新制备)	5.27×10^{-15}	Cu_2S	2.26×10^{-48}
CuBr	6.27×10^{-9}	$Co(OH)_2$(新制备)	1.09×10^{-15}	CuS	1.27×10^{-36}
CuCl	1.72×10^{-7}	* $Co(OH)_3$	1.6×10^{-44}	FeS	1.59×10^{-19}
CuI	1.27×10^{-12}	* $Cr(OH)_2$	2×10^{-16}	HgS	6.44×10^{-53}
Hg_2I_2	5.33×10^{-29}	* $Cr(OH)_3$	6.3×10^{-31}	MnS	4.65×10^{-14}
$PbBr_2$	6.60×10^{-6}	* $Cu(OH)_2$	2.2×10^{-20}	NiS	1.07×10^{-21}
$PbCl_2$	1.17×10^{-5}	$Fe(OH)_2$	4.87×10^{-17}	PbS	9.04×10^{-29}
PbF_2	7.12×10^{-7}	$Fe(OH)_3$	2.64×10^{-39}	SnS	3.25×10^{-28}
PbI_2	8.49×10^{-9}	$Mg(OH)_2$	5.61×10^{-12}	ZnS	2.93×10^{-25}
SrF_2	4.33×10^{-9}	$Mn(OH)_2$	2.06×10^{-13}	Ag_3PO_4	8.88×10^{-17}
Ag_2CO_3	8.45×10^{-12}	* $Ni(OH)_2$(新制备)	2.0×10^{-15}	* $AlPO_4$	6.3×10^{-19}
$BaCO_3$	2.58×10^{-9}	* $Pb(OH)_2$	1.2×10^{-15}	$CaHPO_4$	1×10^{-7}
$CaCO_3$	4.96×10^{-9}	$Sn(OH)_2$	5.45×10^{-25}	$Ca_3(PO_4)_2$	2.07×10^{-33}
$CdCO_3$	6.18×10^{-12}	$Sr(OH)_2$	9×10^{-4}	$Cd_3(PO_4)_2$	2.53×10^{-33}
* $CuCO_3$	1.4×10^{-10}	$Zn(OH)_2$	6.86×10^{-17}	$Cu_3(PO_4)_2$	1.39×10^{-37}
$FeCO_3$	3.07×10^{-11}	$Ag_2C_2O_4$	5.4×10^{-12}	$FePO_4\cdot2H_2O$	9.92×10^{-29}
Hg_2CO_3	1.45×10^{-18}	$BaC_2O_4\cdot2H_2O$	1.2×10^{-7}	* $MgNH_4PO_4$	2.5×10^{-13}
$MgCO_3$	6.82×10^{-6}	* CaC_2O_4	4×10^{-9}	$Mg_3(PO_4)_2$	9.86×10^{-25}
$MnCO_3$	2.24×10^{-11}	CuC_2O_4	4.43×10^{-10}	* $Pb_3(PO_4)_2$	8.0×10^{-43}
$NiCO_3$	1.42×10^{-7}	* $FeC_2O_4\cdot2H_2O$	3.2×10^{-7}	* $Zn_3(PO_4)_2$	9.0×10^{-33}
$PbCO_3$	1.46×10^{-13}	$Hg_2C_2O_4$	1.75×10^{-13}	* $[Ag^+][Ag(CN)_2^-]$	7.2×10^{-11}
$SrCO_3$	5.6×10^{-10}	$MgC_2O_4\cdot2H_2O$	4.83×10^{-6}	AgSCN	1.03×10^{-12}
$ZnCO_3$	1.19×10^{-10}	$MnC_2O_4\cdot2H_2O$	1.70×10^{-7}	CuSCN	1.77×10^{-13}
Ag_2CrO_4	1.12×10^{-12}	PbC_2O_4	8.51×10^{-10}	* $Cu_2[Fe(CN)_6]$	1.3×10^{-16}
* $Ag_2Cr_2O_7$	2.0×10^{-7}	* $SrC_2O_4\cdot H_2O$	1.6×10^{-7}	* $Ag_3[Fe(CN)_6]$	1.6×10^{-41}
$BaCrO_4$	1.17×10^{-10}	$ZnC_2O_4\cdot2H_2O$	1.37×10^{-9}	* $K_2Na[Co(NO_2)_6]\cdot H_2O$	2.2×10^{-11}
* $CaCrO_4$	7.1×10^{-4}	$AgSO_4$	1.20×10^{-5}	* $Na(NH_4)_2[Co(NO_2)_6]$	4×10^{-12}
* $CuCrO_4$	3.6×10^{-6}	$BaSO_4$	1.07×10^{-10}	$Cu(IO_3)_2\cdot H_2O$	6.94×10^{-8}
* Hg_2CrO_4	2.0×10^{-9}	* $CaSO_4$	9.1×10^{-6}		
* $PbCrO_4$	2.8×10^{-13}	Hg_2SO_4	7.99×10^{-7}		

摘自 R C Weast. Handbook of Chemistry and Physics, B 207-208. 69th. ed, 1988-1989.

* 摘自 J A Dean Ed. Lange's Handbook of Chemistry. 13th. ed, 1985.

附录三　标准电极电势 $E^{\ominus}$(298 K)

电对 (氧化态/还原态)	电极反应 (氧化态$+ne^-\rightleftharpoons$还原态)	标准电极电势 E/V
Li^+/Li	$Li^+(aq)+e^-\rightleftharpoons Li(s)$	−3.040 1
K^+/K	$K^+(aq)+e^-\rightleftharpoons K(s)$	−2.931
Ca^{2+}/Ca	$Ca^{2+}(aq)+2e^-\rightleftharpoons Ca(s)$	−2.868
Na^+/Na	$Na^+(aq)+e^-\rightleftharpoons Na(s)$	−2.710 9
Mg^{2+}/Mg	$Mg^{2+}(aq)+2e^-\rightleftharpoons g(s)$	−2.378
Al^{3+}/Al	$Al^{3+}(aq)+3e^-\rightleftharpoons Al(s)$	−1.662
Mn^{2+}/Mn	$Mn^{2+}(aq)+2e^-\rightleftharpoons Mn(s)$	−1.029
Zn^{2+}/Zn	$Zn^{2+}(aq)+2e^-\rightleftharpoons Zn(s)$	−0.761 8
Fe^{2+}/Fe	$Fe^{2+}(aq)+2e^-\rightleftharpoons Fe(s)$	−0.447
Cd^{2+}/Cd	$Cd^{2+}(aq)+2e^-\rightleftharpoons Cd(s)$	−0.403 0
Co^{2+}/Co	$Co^{2+}(aq)+2e^-\rightleftharpoons Co(s)$	−0.28
Ni^{2+}/Ni	$Ni^{2+}(aq)+2e^-\rightleftharpoons Ni(s)$	−0.257
Sn^{2+}/Sn	$Sn^{2+}(aq)+2e^-\rightleftharpoons Sn(s)$	−0.137 5
$CrO_4^{2-}/Cr(OH)_3$	$CrO_4^{2-}(aq)+4H_2O(l)+3e^-\rightleftharpoons Cr(OH)_3(s)+5OH^-(aq)$	−0.13
Pb^{2+}/Pb	$Pb^{2+}(aq)+2e^-\rightleftharpoons Pb(s)$	−0.126 3
CrO_2^-/Cr	$CrO_2^-(aq)+2H_2O(l)+3e^-\rightleftharpoons Cr(s)+4OH^-(aq)$	−0.12
H^+/H_2	$H(aq)+e^-\rightleftharpoons 1/2H_2(g)$	+0.000 0
$S_4O_6^{2-}/S_2O_3^{2-}$	$S_4O_6^{2-}(aq)+2e^-\rightleftharpoons 2S_2O_3^{2-}(aq)$	+0.09
S/H_2S	$S(s)+2H^+(aq)+2e^-\rightleftharpoons H_2S(aq)$	+0.142
Sn^{4+}/Sn^{2+}	$Sn^{4+}(aq)+2e^-\rightleftharpoons Sn^{2+}(aq)$	+0.151
SO_4^{2-}/H_2SO_3	$SO_4^{2-}(aq)+4H^+(aq)+2e^-\rightleftharpoons H_2SO_3(aq)+H_2O$	+0.172
Hg_2Cl_2/Hg	$Hg_2Cl_2(s)+2e^-\rightleftharpoons 2Hg(l)+2Cl^-(aq)$	+0.268 8
Cu^{2+}/Cu	$Cu^{2+}(aq)+2e^-\rightleftharpoons Cu(s)$	+0.341 9
O_2/OH^-	$1/2O_2(g)+H_2O+2e^-\rightleftharpoons 2OH^-(aq)$	+0.401
Cu^{2+}/Cu	$Cu^{2+}(aq)+e^-\rightleftharpoons Cu(s)$	+0.521
I_2/I^-	$I_2(s)+2e^-\rightleftharpoons 2I^-(aq)$	+0.535 5
MnO_4^-/MnO_4^{2-}	$MnO_4^-(aq)+e^-\rightleftharpoons MnO_4^{2-}(aq)$	+0.558
MnO_4^-/MnO_2	$MnO_4^-(aq)+2H_2O(l)+3e^-\rightleftharpoons MnO_2(s)+4OH^-(aq)$	+0.595
O_2/H_2O_2	$O_2(g)+2H^+(aq)+2e^-\rightleftharpoons H_2O_2(aq)$	+0.695
Fe^{3+}/Fe^{2+}	$Fe^{3+}(aq)+e^-\rightleftharpoons Fe^{2+}(aq)$	+0.771
Hg_2^{2+}/Hg	$1/2Hg_2^{2+}(aq)+e^-\rightleftharpoons Hg(l)$	+0.797 3
Ag^+/Ag	$Ag^+(aq)+e^-\rightleftharpoons Ag(s)$	+0.799 6
Hg^{2+}/Hg	$Hg^{2+}(aq)+2e^-\rightleftharpoons Hg(l)$	+0.851
NO_3^-/NO	$NO_3^-(aq)+4H^+(aq)+3e^-\rightleftharpoons NO(g)+H_2O$	+0.957

续表

电对 （氧化态/还原态）	电极反应 （氧化态＋ne^- ⇌ 还原态）	标准电极电势 E/V
HNO_2/NO	$HNO_2(aq)+H^+(aq)+e^- \rightleftharpoons NO(g)+2H_2O$	+0.983
Br_2/Br^-	$Br_2(I)+2e^- \rightleftharpoons 2Br^-(aq)$	+1.066
IO_3^-/I_2	$2IO_3^-(aq)+12H^+(aq)+10e^- \rightleftharpoons I_2(s)+6H_2O$	+1.195
MnO_2/Mn^{2+}	$MnO_2(s)+4H^+(aq)+2e^- \rightleftharpoons Mn^{2+}(aq)+2H_2O$	+1.224
O_2/H_2O	$O_2(g)+4H^+(aq)+4e^- \rightleftharpoons 2H_2O$	+1.229
$Cr_2O_7^{2-}/Cr^{3+}$	$Cr_2O_7^{2-}(aq)+14H^+(aq)+6e^- \rightleftharpoons 2Cr^{3+}(aq)+7H_2O$	+1.232
Cl_2/Cl^-	$Cl_2(g)+2e^- \rightleftharpoons 2Cl^-(aq)$	+1.358 27
MnO_4^-/Mn^{2+}	$MnO_4^-(aq)+8H^+(aq)+e^- \rightleftharpoons Mn^{2+}(aq)+4H_2O$	+1.507
H_2O_2/H_2O	$H_2O_2(aq)+2H(aq)+2e^- \rightleftharpoons H_2O$	+1.776
$S_2O_8^{2-}/SO_4^{2-}$	$S_2O_8^{2}(aq)+2e^- \rightleftharpoons SO_4^{2}(aq)$	+2.010
F_2/F^-	$F_2(g)+2e^- \rightleftharpoons 2F^-(aq)$	+2.866

附录四　常见配离子的稳定常数 $K_{稳}$（K_f）

配离子[①]	K_f	$\lg K_f$	K_i	$\lg K_i$
$[AgBr_2]^-$	2.1×10^{7}	7.33	4.8×10^{-8}	−7.33
$[Ag(CN)_2]^-$	4×10^{20}	20.6	2.5×10^{-21}	−20.6
$[AgCl_2]^-$	1.1×10^{5}	5.04	9.1×10^{-6}	−5.04
$[AgI_2]^-$	5.5×10^{11}	11.74	1.8×10^{-12}	−11.74
$[Ag(NH_3)_2]^+$	1.1×10^{7}	7.05	9.1×10^{-8}	−7.05
$[Ag(S_2O_3)_2]^{3-}$	2.9×10^{13}	13.46	3.4×10^{-14}	−13.46
$[Al(OH)_4]^-$	1.1×10^{33}	33.03	9.1×10^{-34}	−33.03
$[Ca(EBT)]^-$[②]	2.5×10^{5}	5.4	4×10^{-6}	−5.4
$[Ca(EDTA)]^{2-}$	1×10^{11}	11.0	1×10^{-11}	−11.0
$[Co(NH_3)_6]^{2+}$	1.3×10^{5}	5.11	7.8×10^{-6}	−5.11
$[Cu(CN)_2]^-$	2.0×10^{30}	30.30	5.0×10^{-31}	−30.30
$[Cu(NH_3)_2]^+$	7.2×10^{10}	10.86	1.448×10^{-11}	−10.86
$[Cu(NH_3)_4]^{2+}$	2.1×10^{13}	13.32	4.8×10^{-14}	−13.32
$[Cu(SCN)_2]^-$	1.5×10^{5}	5.18	6.7×10^{-6}	−5.18
$[Fe(CN)_6]^{3-}$	1×10^{42}	42	1.0×10^{-42}	−42
$[FeF_6]^{3-}$	2.0×10^{14}	14.31	5.0×10^{-15}	−14.31
$[Fe(SSA)]$[③]	4.4×10^{14}	14.64	2.3×10^{-15}	−14.64
$[HgBr_4]^{2-}$	1.0×10^{21}	21.00	1.0×10^{-21}	−21.00
$[Hg(CN)_4]^{2-}$	3×10^{41}	41.4	3×10^{-42}	−41.4
$[HgCl_4]^{2-}$	1.2×10^{15}	15.07	8.3×10^{-16}	−15.07
$[HgI_4]^{2-}$	6.8×10^{29}	29.83	1.5×10^{-30}	−29.83
$[Mg(EBT)]^-$	11×10^{7}	7.0	1×10^{-7}	−7.0
$[Mg(EDTA)]^{2-}$	4.4×10^{8}	8.64	2.3×10^{-9}	−8.64
$[Ni(EN)_3]^{2+}$	2.1×10^{18}	18.33	4.8×10^{-19}	−18.33
$[Ni(BH_3)_6]^{2+}$	5.5×10^{8}	8.74	1.8×10^{-9}	−8.74
$[PbCl_4]^{2-}$	40	1.6	2.5×10^{-2}	−1.6
$[Zn(CN)_4]^{2-}$	5×10^{16}	16.7	2×10^{-17}	−16.7
$[Zn(EN)_2]^{2+}$	2.0×10^{10}	10.83	5.0×10^{-11}	−10.83
$[Zn(NH_3)_4]^{2+}$	2.9×10^{9}	9.46	3.4×10^{-10}	−9.46
$[Zn(OH)_4]^{2-}$	4.6×10^{17}	17.66	2.2×10^{-18}	−17.66

①数据主要录自：J A Dean. Lange's Handbook of Chemistry. 13th ed，1985(5)72-90；温度一般为 20～25℃；K_f，K_i，$\lg K_i$ 的数据是根据上述 $\lg K_f$ 的数据换算而得到的。

②EBT 为铬黑 T(eriochrome black T)的酸根离子。

③SSA 为磺基水杨酸(sulfosalicylic scid)根离子。

附录五　常用指示剂

1.酸碱指示剂

指示剂名称	变色范围(pH)	颜色变化	溶液配制方法
茜素黄 R	1.9～3.3	红—黄	0.1%水溶液
甲基橙	3.1～4.4	红—橙黄	0.1%水溶液
溴酚蓝	3.0～4.6	黄—蓝	0.1 g 溴酚蓝溶于 100 mL 20%乙醇中
刚果红	3.0～5.2	蓝紫—红	0.1%水溶液
茜素红 S	3.7～5.2	黄—紫	0.1%水溶液
溴甲酚绿	3.8～5.4	黄—蓝	0.1 g 溴甲酚绿溶于 100 mL 20%乙醇中
甲基红	4.4～6.2	红—黄	0.1 g 甲基红溶于 100 mL 60%乙醇中
溴百里酚蓝	6.0～7.6	黄—蓝	0.05 g 溴百里酚蓝溶于 100 mL 20%乙醇中
中性红	6.8～8.0	红—黄橙	0.1 g 中性红溶于 100 mL 60%乙醇中
甲酚红	7.2～8.8	亮黄—紫红	0.1 g 甲酚红溶于 100 mL 0%乙醇中
百里酚蓝(麝香草酚蓝)	第一次变色 1.2～2.8 第二次变色 8.0～9.6	红—黄 黄—蓝	0.1 g 百里酚蓝溶于 100 mL 20%乙醇中
酚酞	8.2～10.0	无—红	0.1 g 酚酞溶于 100 mL 60%乙醇中
麝香草酚酞(百里酚酞)	9.4～10.6	无—蓝	0.1 g 麝香草酚酞溶于 100 mL 190%乙醇中

2.酸碱混合指示剂

指示剂溶液的组成	变色点的pH	颜色		备注
		酸色	碱色	
1 份 0.1%甲基黄乙醇溶液 1 份 0.1%亚甲基蓝乙醇溶液	3.25	蓝紫	绿	pH=3.2 蓝紫色 pH=3.4 绿色
1 份 0.1%甲基橙水溶液 1 份 0.25%靛蓝二磺酸钠水溶液	4.1	紫	黄绿	pH=4.1 灰色
3 份 0.1%溴甲酚绿乙醇溶液 1 份 0.2%甲基红乙醇溶液	5.1	酒红	绿	颜色变化极显著
1 份 0.1%溴甲酚绿钠盐水溶液 1 份 0.1%氯酚红钠盐水溶液	6.1	黄绿	蓝紫	pH=5.4 蓝绿色 pH=5.8 蓝色 pH=6.0 蓝微带紫色 pH=6.2 蓝紫色
1 份 01%中性红乙醇溶液 1 份 0.1 %亚甲基蓝乙醇溶液	7.0	蓝紫	绿	pH=7.0 蓝紫色

续表

指示剂溶液的组成	变色点的 pH	颜色		备注
		酸色	碱色	
1 份 0.1 %甲酚红钠盐水溶液 3 份 0.1%百里酚蓝钠盐水溶液	8.3	黄	紫	pH=8.2 粉色 pH=8.4 紫色
1 份 0.1%酚酞乙醇溶液	8.9	绿	紫	pH=8.8 浅蓝色 pH=9.0 紫色
1 份 0.1 %酚酞乙醇溶液 1 份 0.1%百里酚乙醇溶液	9.9	无	紫	pH=9.6 玫瑰色 pH=10.0 紫色

3. 金属指示剂

指示剂名称	颜色		配制方法
	游离态	化合物	
铬黑 T(EBT)	蓝	酒红	①将 0.5 g 铬黑 T 溶于 100 mL 水中 ②将 1 g 铬黑 T 与 100 g NaCl 研细、混匀
钙指示剂	蓝	红	将 0.5 g 钙指示剂与 100 g NaCl 研细、混匀
二甲酚橙(XO)	黄	红	将 0.1 g 二甲酚橙溶于 100 mL 水中
K-B 指示剂	蓝	红	将 0.5 g 酸性铬蓝 K 加 1.25 g 萘酚绿 B,再加入25 g KNO_3 研细、混匀
磺基水杨酸	无色	红	将 1 g 磺基水杨酸溶于 100 mL 水中
吡啶偶氮萘酚(PAN)	黄	红	将 0.1 g 吡啶偶氮萘酚溶于 100 mL 乙醇中
邻苯二酚紫	紫	蓝	将 0.1 g 邻苯二酚紫溶于 100 mL 水中
钙镁试剂(calmagite)	红	蓝	将 0.5 g 钙镁试剂溶于 100 mL 水中

4. 氧化还原指示剂

指示剂名称	变色电位 $\varphi^{\ominus}$/V	颜色		配制方法
		氧化态	还原态	
二苯胺	0.76	紫	无色	将 1 g 二苯胺在搅拌下溶于 100 mL 浓硫酸和 100 mL 浓磷酸,贮于棕色瓶中
二苯胺磺酸钠	0.85	紫	无色	将 0.5 g 二苯胺磺酸钠溶于 100 mL 水中,必要时过滤
邻苯氨基苯酸	0.89	紫红	无色	将 0.2 g 邻苯氨基苯甲酸加热熔解在 100 mL 0.2% Na_2CO_3 溶液中,必要时过滤
邻二氮菲硫酸亚铁	1.06	浅蓝	红	将 0.5 g $FeSO_4 \cdot 7H_2O$ 溶于 100 mL 水中,加 2 滴 H_2SO_4,加 0.5 g 邻二氮菲

附录六 国际相对原子质量表

序数	名称	符号	相对原子质量	序数	名称	符号	相对原子质量	序数	名称	符号	相对原子质量
1	氢	H	1.008	38	锶	Sr	87.62	75	铼	Re	186.2
2	氦	He	4.003	39	钇	Y	88.91	76	锇	Os	190.2
3	锂	Li	6.941±2	40	锆	Zr	91.22	77	铱	Ir	192.2
4	铍	Be	9.012	41	铌	Nb	92.91	78	铂	Pt	195.1
5	硼	B	10.81	42	钼	Mo	95.94	79	金	Au	197.0
6	碳	C	12.01	43	锝	^{89}Tc	98.91	80	汞	Hg	200.6
7	氮	N	14.01	44	钌	Ru	101.1	81	铊	Tl	204.4
8	氧	O	16.00	45	铑	Rh	102.9	82	铅	Pb	207.2
9	氟	F	19.00	46	钯	Pd	106.4	83	铋	Bi	209.0
10	氖	Ne	20.18	47	银	Ag	107.9	84	钋	^{210}Po	210.0
11	钠	Na	22.99	48	镉	Cd	112.4	85	砹	^{210}Po	210.0
12	镁	Mg	24.31	49	铟	In	114.8	86	氡	^{222}Rn	222.0
13	铝	Al	26.98	50	锡	Sn	118.7	87	钫	^{223}Fr	223.0
14	硅	Si	28.09	51	锑	Sb	121.8	88	镭	^{226}Ra	226.0
15	磷	P	30.97	52	碲	Te	127.6	89	锕	^{227}Ac	227.0
16	硫	S	32.07	53	碘	I	126.9	90	钍	Th	232.0
17	氯	Cl	35.45	54	氙	Xe	131.3	91	镤	Pa	231.0
18	氩	Ar	39.95	55	铯	Cs	132.9	92	铀	U	238.0
19	钾	K	39.10	56	钡	Ba	137.3	93	镎	^{237}Np	237.0
20	钙	Ca	40.08	57	镧	La	138.9	94	钚	^{239}Pu	239.1
21	钪	Sc	44.96	58	铈	Ce	140.1	95	镅	^{243}Am	243.1
22	钛	Ti	47.88±3	59	镨	Pr	140.9	96	锔	^{247}Cm	247.1
23	钒	V	50.94	60	钕	Nd	144.2	97	锫	^{247}Bk	247.1
24	铬	Cr	52.00	61	钷	Pm	144.9	98	锎	^{252}Cf	252.1
25	锰	Mn	54.94	62	钐	Sm	150.4	99	锿	^{252}Es	252.1
26	铁	Fe	55.85	63	铕	Eu	152.0	100	镄	^{257}Fm	257.1
27	钴	Co	58.93	64	钆	Gd	157.3	101	钔	^{256}Md	256.1
28	镍	Ni	58.69	65	铽	Tb	158.9	102	锘	^{259}No	259.1
29	铜	Cu	63.55	66	镝	Dy	162.5	103	铹	^{260}Lr	260.1
30	锌	Zn	65.39±2	67	钬	Ho	164.9	104		^{261}Rf	261.1
31	镓	Ca	79.72	68	铒	Fr	167.3	105		^{262}Ha	262.1
32	锗	Ge	72.61±3	69	铥	Tm	168.9	106		^{263}Unh	263.1
33	砷	As	74.92	70	镱	Yb	173.0	107		^{262}Uns	262.1
34	硒	Se	78.96±3	71	镥	Lu	175.0	108		^{265}Uno	265.1
35	溴	Br	79.90	72	铪	Hf	178.5	109		^{266}Une	266.1
36	氪	Kr	83.80	73	钽	Ta	180.9				
37	铷	Rb	85.47	74	钨	W	183.9				

注：表中除了5种元素有较大的误差外，所列数值均准确到第四位有效数字，其末位数的误差不超过±1，对于既无稳定同位素又无特征天然同位素的各个元素，均以该元素的一种熟知的放射性同位素来表示，表中用其质量数（写在化学符号的左上角）及相对原子质量标出。

附录七　化合物的相对分子质量表

化合物分子式	相对分子质量	化合物分子式	相对分子质量	化合物分子式	相对分子质量
Ag_3AsO_4	462.52	CdS	144.47	$FeCl_2$	126.75
AgI	234.77	$Ce(SO_4)_2$	332.24	$FeCl_2 \cdot 4H_2O$	198.81
$AgBr$	187.77	$Ce(SO_4)_2 \cdot 4H_2O$	404.30	$FeCl_3$	162.21
$AgCl$	143.32	$CoCl_2$	129.84	$FeCl_3 \cdot 6H_2O$	270.30
$AgNO_3$	169.87	$CoCl_2 \cdot 6H_2O$	237.93	FeS	87.91
$AgCN$	133.89	$Co(NO_3)_2$	182.94	Fe_2S_3	207.87
$AgSCN$	165.95	$Co(NO_3)_2 \cdot 6H_2O$	291.03	$FeSO_4$	151.90
Ag_2CrO_4	331.73	CoS	90.99	$FeSO_4 \cdot 7H_2O$	278.01
$AlCl_3$	133.34	$CoSO_4$	154.99	$FeNH_4(SO_4)2 \cdot 12H_2O$	482.18
$AlCl_3 \cdot 6H_2O$	241.43	$CoSO_4 \cdot 7H_2O$	281.10	$Fe(NH_4)_2(SO_4)_2 \cdot 6H_2O$	392.13
$Al(NO_3)_3$	213.00	$Co(NH_2)_2$	60.06	H_3AsO_3	125.94
$Al(NO_3)_3 \cdot 9H_2O$	375.13	$CrCl_3$	158.35	H_3AsO_4	141.94
Al_2O_3	101.96	$CrCl_3 \cdot 6H_2O$	266.45	H_3BO_3	61.83
$Al(OH)_3$	78.00	$Cr(NO_3)_3$	238.01	HBr	80.912
$Al_2(SO_4)_3$	342.14	Cr_2O_3	151.99	HCN	27.026
$Al_2(SO_4)_3 \cdot 18H_2O$	666.41	$CuCl$	98.999	$HCOOH$	46.026
As_2S_3	246.02	$CuCl_2$	134.45	H_2CO_3	62.025
As_2O_3	197.84	$CuCl_2 \cdot 2H_2O$	170.48	$H_2C_2O_4$	90.035
As_2O_5	229.84	$CuSCN$	121.62	$H_2C_2O_4 \cdot 2H_2O$	126.07
$BaCO_3$	197.34	CuI	190.45	HCl	36.461
BaC_2O_4	225.35	$Cu(NO_3)_2$	187.56	HF	20.006
$BaCl_2$	208.24	$Cu(NO_3)_2 \cdot 3H_2O$	241.60	HI	127.91
$BaCl_2 \cdot 2H_2O$	244.27	CuO	79.545	HIO_3	175.91
$BaCrO_4$	253.32	Cu_2O	143.09	HNO_3	63.013
BaO	153.33	CuS	95.61	HNO_2	47.013
$Ba(OH)_2$	171.34	$CuSO_4$	159.60	H_2O	18.015
$BaSO_4$	233.39	$CuSO_4 \cdot 5H_2O$	249.68	H_2O_2	34.015
$BiCl_3$	315.34	CH_3COOH	60.052	Na_2CO_3	105.99
$BiOCl$	260.43	CH_3COONa	82.034	$Na_2CO_3 \cdot 10H_2O$	286.14
CO_2	44.01	$CH_3COON \cdot 3$	136.08	$Na_2C_2O_4$	134.00
CaO	56.08	MgC_2O_4	112.33	$NaCl$	58.443
$CaCO_3$	100.09	$Mg(NO_3)_2 \cdot 6H_2O$	256.41	$NaClO$	74.442
CaC_2O_4	128.10	$MgNH_4PO_4$	137.32	$KBrO_3$	167.00
$CaCl_2$	110.99	MgO	40.304	KCl	74.551
$CaCl_2.6H_2O$	219.08	$Mg(OH)_2$	58.32	$KClO_3$	122.55
$Ca(NO_3)_2 \cdot 4H_2O$	236.15	$Fe(NO_3)_3$	241.82	$KClO_4$	138.55
$Ca(OH)_2$	74.09	$Fe(NO_3)_3 \cdot 9H_2O$	404.00	KCN	65.116
$Ca_3(PO_4)_2$	310.18	FeO	71.846	$KSCN$	97.18
$CaSO_4$	136.14	Fe_2O_3	159.69	K_2CO_3	138.21
$CdCO_3$	172.42	Fe_3O_4	231.54	K_2CrO_4	194.19
$CdCl_2$	183.32	$Fe(OH)_3$	106.87	$K_2Cr_2O_7$	294.18
$C_6H_4COOHCOOK$（邻苯二甲酸氢钾）	204.23	$C_4H_8N_2O_2$（丁二酮肟）	116.12	$(C_9H_7N_3)H_3PO_4 \cdot 12MnO_3$（磷钼酸喹啉）	2 212.7

续表

化合物分子式	相对分子质量	化合物分子式	相对分子质量	化合物分子式	相对分子质量
H_3PO_4	97.995	$MnCl \cdot 4H_2O$	197.91	$Na_2S_2O_3 \cdot 5H_2O$	248.17
H_2S	34.08	$Mn(NO_3)_2 \cdot 6H_2O$	287.04	$NiCl_2 \cdot 6H_2O$	237.69
H_2SO_3	82.07	MnO	70.937	NiO	74.69
H_2SO_4	98.07	MnO_2	86.937	$Ni(NO_3)_2 \cdot 6H_2O$	290.79
$Hg(CN)_2$	252.36	MnS	87.00	$NiSO_4 \cdot 7H_2O$	280.85
$HgCl_2$	271.50	$MnSO_4$	151.00	P_2O_5	141.94
Hg_2Cl_2	472.09	$MnSO_4 \cdot 4H_2O$	223.06	$PbCO_3$	267.20
HgI_2	454.40	NO	30.006	$Pb(CH_3COO)_2$	325.30
$Hg_2(NO_3)_2$	525.19	NO_2	46.006	$SnCl_2$	189.60
$Hg_2(NO_3)_2 \cdot 6H_2O$	561.22	NH_3	17.03	$SnCl_4$	260.50
$Hg(NO_3)_2$	324.60	CH_3COONH_4	77.083	SnS	150.75
HgO	216.59	NH_4Cl	53.491	$SrCO_3$	147.63
HgS	232.65	$(NH_4)_2CO_3$	96.086	SrC_2O_4	175.64
$HgSO_4$	296.65	$(NH_4)_2C_2O_4$	124.10	$Sr(NO_3)_2$	211.63
Hg_2SO_4	497.24	$(NH_4)_2C_2O_4 \cdot H_2O$	142.11	$SrSO_4$	183.68
$KAl(SO_4)_2 \cdot 12H_2O$	474.38	NH_4SCN	76.12	$ZnCO_3$	125.39
KBr	119.00	NH_4HCO_3	79.055	ZnC_2O_4	153.40
$K_3Fe(CN)_6$	329.25	$(NH_4)_2MoO_4$	196.01	$ZnCl_2$	136.29
$K_4Fe(CN)_6$	368.35	NH_4NO_3	80.043	$Zn(CH_3COO)_2$	183.47
$KFe(SO_4)_2 \cdot 12H_2O$	503.24	$(NH_4)_2HPO_4$	132.06	$Zn(CH_3COO)_2 \cdot 2H_2O$	219.50
$KHC_2O_4 \cdot H_2O$	146.14	$(NH_4)_3PO_4 \cdot 12H_2O$	1876.3	$Zn(NO_3)_2$	189.39
$KHC_2O_4 \cdot H_2C_2O_4$	254.19	$(NH_4)_2S$	68.14	$Zn(NO_3)_2 \cdot 6H_2O$	297.48
$KHC_4H_4O_3$	188.18	$(NH_4)_2SO_4$	132.13	ZnO	81.38
$KHSO_4$	136.16	NH_4VO_3	116.98	ZnS	97.44
KI	166.00	Na_3ASO_3	191.89	$ZnSO_4$	161.44
KIO_3	214.00	$Na_2B_4O_7$	201.22	$ZnSO_4 \cdot 7H_2O$	287.54
$KIO_3 \cdot HIO_3$	389.91	$Na_2B_4O_7 \cdot 10H_2O$	381.37	NiS	90.75
$KMnO_4$	158.03	$NaBiO_3$	279.97	PbC_2O_4	295.22
$KNaC_4H_4O_6 \cdot 4H_2O$	282.22	NaCN	49.007	$PbCl_2$	278.10
KNO_3	101.10	NaSCN	81.07	$PbCrO_4$	323.20
KNO_2	85.104	$NaHCO_3$	84.007	PbI_2	461.00
K_2O	94.196	$Na_2HPO_4 \cdot 12H_2O$	358.14	$Pb(NO_3)_2$	331.20
KOH	56.106	$Na_2H_2Y \cdot 2H_2O$	372.24	PbO	223.20
K_2SO_4	174.25	$NaNO_2$	68.995	PbO_2	239.20
$MgCO_3$	84.314	$NaNO_3$	84.995	$SbCl_3$	228.11
$MgCl_2$	95.211	Na_2O	61.979	Sb_2O_3	291.50
$MgCl_2 \cdot 6H_2O$	203.30	Na_2O_2	77.978	Sb_2S_3	339.68
$Pb_3(PO_4)_2$	811.54	NaOH	39.997	SO_2	64.06
Pbs	239.30	Na_3PO_4	163.94	SiO_2	60.084
$PbSO_4$	303.30	Na_2S	78.04	SiF_4	104.08
SO_3	80.06	$Na_2S \cdot 12H_2O$	240.18		
$Mg_2P_2O_7$	222.55	Na_2SO_3	126.04		
$MgSO_4 \cdot 7H_2O$	246.47	Na_2SO_4	142.04		
$MnCO_3$	114.95	$Na_2S_2O_3$	158.10		

附录八 常见离子和化合物的颜色

Ag	Ag^{+}(无色) AgBr(淡黄色) Ag_2S(黑色) Ag_3PO_4(黄色) $Ag_2C_2O_3$(白色) $Ag_2S_2O_3$(白色) $Ag_4[Fe(CN)_6]$(白色)	Ag_2O(褐色) Agl(黄色) Ag_2SO_4(白色) Ag_2SiO_3(黄色) AgCN(白色) Ag_2SO_3(白色)	AgCl(白色) $AgNO_3$(无色) Ag_2CO_3(白色) Ag_2CrO_3(砖红色) AgSCN(白色) $Ag_3[Fe(CN)_6]$(橙色)
Al	Al^{3+}(无色) $AlCl_3$(无色)	Al_2O_3(白色) $Al_2(SO_4)_3 \cdot 18H_2O$(白色)	$Al(OH)_3$(白色)
As	As_2O_3(白色)	As_2S_3(黄色)	As_2S_3(黄色)
Au	Au_2Cl_6(深红色)		
Ba	Ba^{2+}(无色) $Ba_3(PO_4)_2$(白色) BaC_2O_4(白色)	$BaSO_4$(白色) $BaSiO_3$(白色) $BaSO_3$(白色)	$BaCO_3$(白色) $BaCrO_4$(黄色) BaS_2O_3(白色)
Bi	Bi^{3+}(无色) BiO(OH)(灰黄色) Bi_2S_3(黑色) $Bi(NO_3)_3 \cdot 5H_2O$(无色)	Bi_2O_3(黄色) BiOCl(白色) $Bi(OH)CO_3$(白色)	$Bi(OH)_3$(白色) BiI_3(褐色) $NaBiO_3$(棕黄色)
Ca	Ca^{2+}(无色) $CaSO_3$(白色) $Ca(PO_4)_2$(白色) CaC_2O_4(白色)	CaO(白色) $CaSO_4$(白色) $CaHPO_4$(白色)	$Ca(OH)_2$(白色) $CaCO_3$(白色) $CaCrO_4$(黄色)
Cd	Cd^{2+}(无色) CdS(黄色)	CdO(棕灰色) $CdCO_3$(白色)	$Cd(OH)_2$(白色) $3CdSO_4 \cdot 8H_2O$(无色)
Co	Co^{2+}(粉红色) $Co(OH)_2$(粉红色) $CoCl_2$(蓝色) $CoCl_2 \cdot 6H_2O$(粉红色) $CoSO_4 \cdot 7H_2O$(红色) $CO_2[Fe(CN)_6]$(绿色) $[Co(NH_3)_6]^{2+}$(土黄色) $K_3[Co(NO_2)_6]$(黄色)	CoO(灰绿色) $Co(OH)_3$(棕褐色) $CoCl_2 \cdot H_2O$(蓝紫色) Co(OH)Cl(蓝色) $CO_2(OH)_2CO_3$(红色) $[CoCl_4]^{2-}$(蓝色) $[Co(NH_3)_6]^{3+}$(红棕色) $K_2Na[Co(NO_2)_6]$(黄色)	Co_2O_3(黑色) CoO(OH)(褐色) $CoCl_2 \cdot 2H_2O$(紫红色) CoS(黑色) $CoSiO_3$(紫色) $[Co(H_2O)_6]^{3+}$(蓝色) $[Co(NCS)_4]^{2-}$(蓝色)
Cr	CrO_3(暗红色) $CrCl_3 \cdot 6H_2O$(紫绿色) $Cr_2(SO_4)_3 \cdot 6H_2O$(绿色) $[Cr(H_2O)_6]^{3+}$(蓝紫色) $[Cr(OH)_4]^{-}$(亮绿色) CrO_2^{-}(绿色)	Cr_2O_2(绿色) $Cr_2(SO_4)_2$(桃红色) $KCr(SO_4)_2 \cdot 12H_2O$(暗紫色) $[Cr(H_2O)_5Cl]^{2+}$(蓝绿色) CrO_4^{2-}(黄色)	$Cr(OH)_3$(灰绿色) $Cr_2(SO_4)_2 \cdot 18H_2O$(紫色) $[Cr(H_2O)_6]^{2+}$(天蓝色) $[Cr(H_2O)_4Cl_2]^{+}$(绿色) $Cr_2O_7^{2-}$(橙色)

续表

Cu	Cu^{2+}(蓝色) $Cu(OH)$(黄色) $CuCl_2$(白色) Cu_2S(黑色) $CuSO_4 \cdot SH_2O$(蓝色) $CuCN$(白色) $[Cu(H_2O)_4]^{2+}$(蓝色) $[CuCl_4]^{2-}$(黄色) $[Cu(OH)_4]^{2-}$(蓝色)	CuO(黑色) $Cu(OH)_2$(浅蓝色) $CuCl_2 \cdot 2H_2O$(绿色) CuS(黑色) $Cu_2(OH)_2CO_3$(绿色) $Cu(SCN)_2$(黑绿色) $[Cu(H_2O)_4]^+$(无色) $[CuI_2]^-$(黄色)	Cu_2O(暗红色) $CuCl$(白色) CuI(白色) $Cu_2(OH)_2SO_4$(浅蓝色) $CuSiO_3$(蓝色) $Cu_2[Fe(CN)_6]$(红棕色) $[CuCl_2]^-$(无色) $[Cu(NH_3)_4]^{2+}$(深蓝色)
Fe	Fe^{2+}(浅绿色) Fe_2O_3(砖红色) $FeO(OH)$(红棕色) $FeCl_2 \cdot 4H_2O$(淡绿色) FeS(黑色) $(NH_4)_2Fe(SO_4)_2 \cdot 6H_2O$(深绿色) $FeCO_3$(白色) FeC_2O_4(浅黄色) $[Fe(NCS)_n]^{3-n}$(血红色) $[FeCl_6]^{3-}$(黄色) $NH_4Fe(SO_4)_2 \cdot 12H_2O$(浅紫色) $[Fe(C_6H_3(OH)(COO)SO_3)_3]^{3+}$(紫红色)	Fe^{3+}(浅黄色) Fe_3O_4(红色) $FeCl_3$(黑褐色) $FeSO_4 \cdot 7H_2O$(淡绿色) Fe_2S_3(黑色) $FePO_4$(浅黄色) $K[Fe(CN)_6]$(蓝色) $[Fe(CN)_6]^{4-}$(黄色) $[Fe(CN)_6]^{3-}$(无色) $[Fe(phen)_3]^{3+}$(淡蓝色) $[Fe(phen)_3]^{2+}$(深红色)	FeO(黑色) $Fe(OH)_2$(白色) $Fe(NO_3)_3 \cdot 9H_2O$(淡紫色) $FeCl_3 \cdot 6H_2O$(黄棕色) $[Fe(NO)]SO_4$(深棕色) $Fe_2(SiO_3)_3$(棕红色) $[Fe(NO)(H_2O)_5]^{2+}$(棕色) $[Fe(CN)_6]^{3-}$(红棕色) $[Fe(C_2O_4)_3]^{3-}$(黄色) $[Fe(CN)_5NO]^{2-}$(红色)
Hg	Hg_2^{2+}(无色) HgO(红色或黄色) $Hg(NH_2)Cl$(白色) Hg_2S(黑色) $Hg_2(OH)_2CO_3$(红褐色) $Hg_2(NH_2)OI$(深褐色或红棕色)	Hg^{2+}(无色) Hg_2Cl_2(白色) Hg_2I_2(黄色) HgS(红色或黑色) $Hg(SCN)_2$(白色) $Hg_2NI \cdot H_2O$(红棕色)	Hg_2O(黑色) $HgCl_2$(无色) HgI_2(红色) Hg_2SO_4(白色) Hg_2CrO_4(红色) Hg_2CO_3(黄色)
I	I^-(无色)	I_2(紫色)	I_3^-(棕黄色)
Mg	Mg^{2+}(无色) $MgCO_3$(白色)	$Mg(OH)_2$(白色)	$MgNH_4PO_4$(白色)
Mn	Mn^{2+}(肉色) $Mn(OH)_2$(白色) $MnCO_3$(白色) $[Mn(H_3O)_6]^{3+}$(红色) $MnSO_4 \cdot 7H_2O$(肉红色) $[MnF_6]^{3-}$(红色)	MnO(绿色) $MnO(OH)_2$(棕黑色) $MnSiO_3$(肉色) MnO_4^{2-}(绿色) $MnCl_2 \cdot 4H_2O$(肉红色)	MnO_2(棕色) MnS(肉色) $Mn_2[Fe(CN_6)]$(白色) MnO_4^-(紫红色) $Mn(NH_4)PO_4$(肉色)
Mo	MoO_2(紫色) $(NH_4)_3PO_4 \cdot 12MoO_3 \cdot 6H_2O$(黄色) $H_3[P(Mo_3O_{10})_4 \cdot 12H_2O]$黄色)	MoO_3(白色) $[Mo(NCS)_6]^{3-}$(红色)	H_2MoO_4(白色) Mo^{3+}(棕色)

续表

Ni	Ni^{2+}(亮绿色) $NiCl_2 \cdot 6H_2O$(草绿色) $Ni(OH)_2$(苹果绿色) $Ni_2(OH)_2CO_3$(浅绿色) 丁二酮肟合镍(Ⅱ)(鲜红色) $[Ni(CN)_4]^{2-}$(黄色)	NiO(暗绿色) $NiSO_4 \cdot 7H_2O$(暗绿色) NiO(OH)(黑色) $Ni(CN)_2$(浅绿色) $[Ni(NH_3)_6]^{2+}$(蓝色) NiS(黑色)	Ni_2O_3(黑色) $Ni(NO_3)_2 \cdot 6H_2O$(青绿色) $NiSiO_3$(翠绿色) $Ni_2[Fe(CN)_6]$(浅绿色) $[Ni(NH_3)_6]^{3+}$(浅紫色)
Pb	Pb^{2+}(无色) Pb_3O_4(红色) $PbCl_2$(白色) PbS(黑色) $Pb_2(OH)_2CO_3$(白色) $Pb(NO_3)_2$(无色)	PbO(橙黄色) Pb_2O_3(橙色) $PbBr_2$(白色) $PbSO_4$(白色) $PbCrO_4$(黄色) $PbMoO_4$(黄色)	PbO_2(棕褐色) $Pb(OH)_2$(白色) PbI_2(黄色) $PbCO_3$(白色) PbC_2O_4(白色)
Sb	$SbCl_6^{3-}$(无色) Sb_2O_5(淡黄色) SbI_3(黄色)	$SbCl_6^-$(无色) $Sb(OH)_3$(白色) Sb_2S_3(橙色)	Sb_2O_3(白色) SbOCl(白色) Sb_2S_5(橙红色)
Sn	Sn^{2+}(无色) $Sn(OH)_4$(白色) SnS_2(黄色)	Sn^{4+}(无色) Sn(OH)Cl(白色) SnO_2(白色)	$Sn(OH)_2$(白色) SnS(褐色或棕色) $SnCl_2 \cdot 2H_2O$(无色)
Sr	$SrSO_4$(白色)	$SrCO_3$(白色)	
Ti	TiO_2(白色) $[TiO(H_2O_2)]^{2+}$(橘黄色) $TiOSO_4 \cdot H_2O$(白色)	$TiCl_2 \cdot 6H_2O$(紫色或绿色) TiO_2^{2+}(橙红色) $TiCl_3$(紫色)	$[Ti(H_2O)_6]^{3+}$(紫色)
V	V_2O_5(红棕色) VO(黑色) VO^{2+}(蓝色) NH_4VO_3(微黄色)	VO_2(深蓝色) $[V(H_2O)_6]^{2+}$(蓝紫色) VO^{2+}(黄色) $Na_3VO_4 \cdot 16H_2O$(无色)	V_2O_3(黑色) $[V(H_2O)_6]^{3+}$(绿色) VO_2^{3-}(棕红色) $NaVO_3$(黄色)
W	WO_2(棕红色) $H_3[P(W_3O_{10})_4] \cdot 14H_2O$(白色)	WO_3(黄色) $WO_{2.67}(OH)_{0.33}$(蓝色)	$Na_2WO_4 \cdot 2H_2O$(无色) H_2WO_4(黄色)
Zn	Zn^{2+}(无色) ZnS(白色) ZnC_2O_4(白色)	ZnO(白色) $Zn_2(OH)_2CO_3$(白色) $Zn_2[Fe(CN)_6]$(白色)	$Zn(OH)_2$(白色) $ZnSiO_3$(白色) $Zn_3[Fe(CN)_3]_2$(黄褐色)